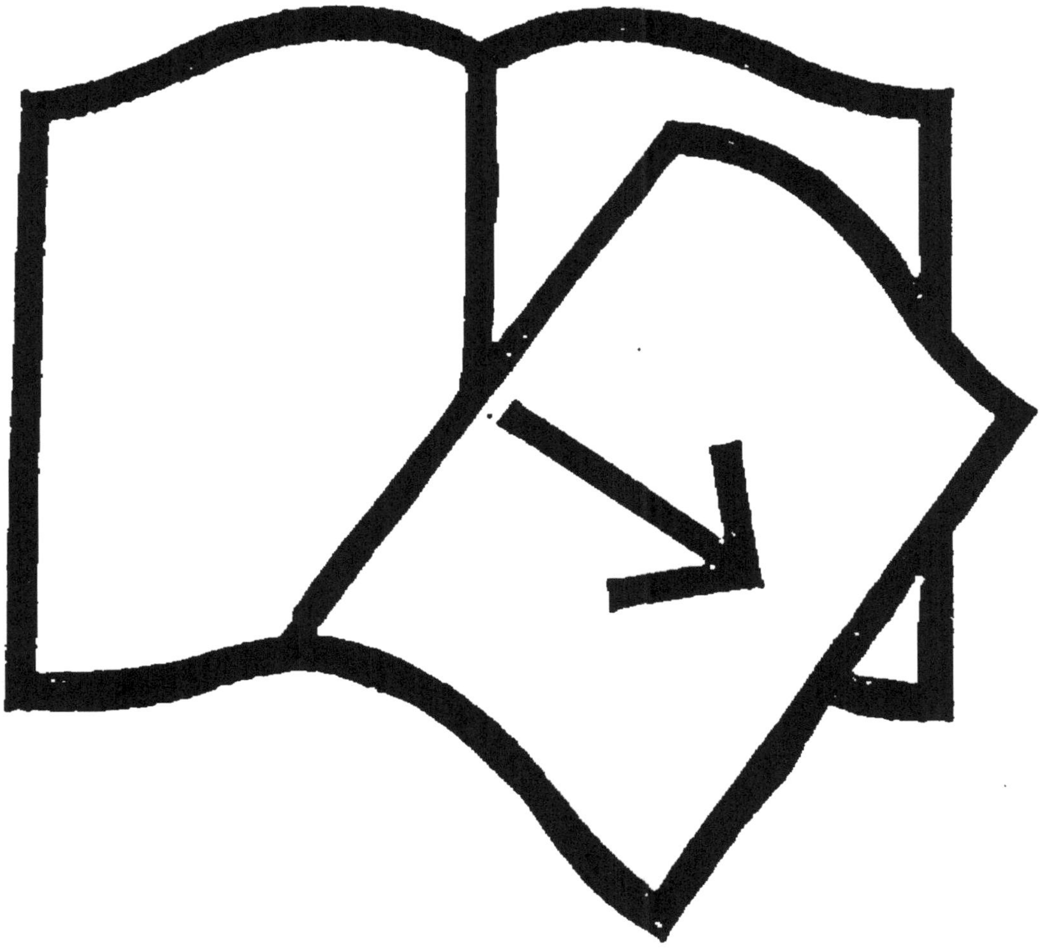

Documents manquants (pages, cahiers...)

NF Z 43-120-13

ÉLÉMENTS DE CHIMIE

Tout exemplaire qui ne sera pas revêtu des deux signatures
ci-dessous sera réputé contrefait.

Les Éditeurs,

MAISON A. MAME ET FILS

L'administrateur délégué,

COURS DE SCIENCES PHYSIQUES ET NATURELLES

RÉPONDANT AUX PROGRAMMES OFFICIELS DE 1902

ÉLÉMENTS DE CHIMIE

PAR F. G.-M.

CLASSE DE QUATRIÈME

MÉTALLOÏDES

<table>
<tr><td>TOURS</td><td>PARIS</td></tr>
<tr><td>MAISON A. MAME ET FILS</td><td>Vve CH. POUSSIELGUE</td></tr>
<tr><td>IMPRIMEURS-ÉDITEURS</td><td>RUE CASSETTE, 15</td></tr>
</table>

ET CHEZ LES PRINCIPAUX LIBRAIRES

PROGRAMME OFFICIEL DU 31 MAI 1902

(Les numéros ajoutés entre parenthèses indiquent les paragraphes de l'ouvrage où les questions sont traitées.)

CLASSE DE QUATRIÈME

Divers états de la matière, exemples familiers; un même corps peut prendre ces divers états (1).

Air (11-18). Expérience de Lavoisier (12).

Oxygène (19-24). — Azote (25-28).

Eau pure : analyse (32), synthèse (33). — Eaux potables (35).

Hydrogène (38-42).

Acide chlorhydrique (43-48); chlorures (54-57). — Chlore (49-53), chlorures décolorants (61).

Électrolyse du chlorure de sodium (60) : sodium (64-67), soude caustique (68-69).

Sel ammoniac. — Ammoniaque (70-74).

Corps simples : métalloïdes (77), métaux (78).

Corps composés (80-83).

Loi des proportions définies (79-B), lois des volumes (79-D, 1 et 2).

Symboles (76-78), notation atomique, formules (76 et 80).

Nomenclature; acides (81-A et 83-A), bases (83-B), sels (83-C et 85).

Soufre (87-92), acide sulfurique (97-105), hydrogène sulfuré (106-110).

Salpêtre (121), acide azotique (123-128).

Phosphate de chaux (129-130), phosphore (131-135).

Carbone (136-140). — Combustibles naturels et artificiels (139-140).

Anhydride carbonique (141-146). — Oxyde de carbone (147-150).

Silice (156). — Acide borique (153).

ÉLÉMENTS DE CHIMIE

PRÉLIMINAIRES

1. Divers états de la matière. — Parmi les corps qui nous entourent, les uns ont *une forme* et *un volume* déterminés, indépendants du lieu qu'ils occupent; tels sont : une pierre, un morceau de fer, etc. Ils sont appelés des **corps solides.**

D'autres ont *un volume déterminé,* mais *leur forme varie* avec celle du vase qui les contient; tel est le cas de l'eau, du vin, de l'huile, etc. Ce sont les **corps liquides.**

D'autres enfin ont *un volume* et *une forme* qui dépendent du récipient qui les renferme; ainsi l'air, la vapeur d'eau, le gaz d'éclairage, remplissent toujours complètement l'espace qui leur est offert. Ces corps sont appelés **corps gazeux ou gaz.**

A la pression atmosphérique ordinaire, l'eau est à l'état solide au-dessous de 0°; à l'état liquide, entre 0° et 100°; et à l'état gazeux, pour toute température supérieure à 100°.

Le soufre est à l'état solide au-dessous de 113°; à l'état liquide, entre 113° et 440°; et à l'état gazeux, pour toute température au-dessus de 440°.

La plupart des corps peuvent ainsi exister sous les trois états, si on les place dans des conditions convenables de température.

2. Propriétés des corps. — Si l'on compare entre eux un morceau de fer et un bloc de pierre, il est facile de se rendre compte que ces deux corps ne sont pas les mêmes. Ils diffèrent l'un de l'autre par la couleur, la dureté, le poids, etc.

De même, si l'on verse du vin dans un verre, et de l'eau dans un autre, la couleur, l'odeur et la saveur des deux liquides ne seront pas les mêmes; ce qui permettra facilement de les distinguer l'un de l'autre.

Ces différentes qualités : couleur, odeur, saveur, poids, etc., s'appellent **propriétés des corps.**

Parmi ces propriétés, il en est qui sont communes à tous les corps. Ainsi, tous les corps sont pesants, tous éprouvent des variations de volume sous l'action de la chaleur, etc. Ces propriétés sont dites **générales.** Il en est d'autres qui, comme la couleur, l'odeur, la saveur, etc., varient d'un corps à l'autre. Ainsi le *soufre* a une couleur *jaune* particulière; le *chlore* a une *odeur* qui lui est propre. Ces qualités spéciales, qui permettent de distinguer un corps d'un autre, s'appellent **propriétés particulières.**

3. **Phénomènes physiques et chimiques.** — Les propriétés des corps peuvent subir des changements plus ou moins profonds. Ainsi un morceau de fer abandonné à l'air humide change de couleur et augmente de poids. Un fragment de verre chauffé vers 400° perd sa dureté et devient mou. Ces changements de propriétés constituent ce que l'on appelle des **phénomènes.**

Si le fer altéré est soustrait à l'action de l'air humide, il reste altéré; au contraire, si le verre mou se refroidit, il redevient dur.

Ainsi, des deux changements observés, l'un est *durable*, c'est un **phénomène chimique;** l'autre n'est que passager, il cesse avec la cause qui l'a produit; il est appelé **phénomène physique.**

La production d'un phénomène chimique s'appelle encore **réaction chimique.**

Les causes qui facilitent la production de ces réactions sont nommées **agents chimiques.** Les principaux agents chimiques sont : la chaleur, l'électricité et la lumière.

4. **Objet de la Chimie.** — *La Chimie est la science qui a pour objet d'étudier les* **propriétés particulières des**

corps et les **phénomènes** *qui modifient ces propriétés d'une manière durable.*

Chaque corps est *caractérisé* par un ensemble de propriétés particulières, qui le distinguent de tout autre, et permettent ainsi de le reconnaître.

5. Corps simples. — *On appelle* **corps simples,** *ceux dont on n'a pu extraire jusqu'ici qu'une seule substance ou* **élément.** Les corps simples se divisent en deux catégories : les *métalloïdes* et les *métaux*.

Les *métalloïdes* sont des éléments généralement dénués de l'éclat métallique et qui conduisent mal la chaleur et l'électricité.

Les *métaux* sont des corps simples qui possèdent l'éclat métallique et conduisent bien la chaleur et l'électricité.

6. Corps composés. — Les **corps composés** sont ceux qui sont formés de plusieurs éléments; ils sont dits *binaires, ternaires* ou *quaternaires,* suivant qu'ils contiennent deux, trois ou quatre éléments distincts.

7. Analyse. — *On appelle* **analyse** *une opération qui a pour but de trouver les éléments d'un corps composé.*

Elle est dite **qualitative,** si elle se borne à chercher le nombre et la nature, et **quantitative,** si elle détermine le volume ou le poids des éléments.

Ainsi, décomposer l'eau en oxygène et en hydrogène, c'est en faire l'analyse *qualitative;* constater que 9^{gr} d'eau sont formés de 1^{gr} d'hydrogène et de 8^{gr} d'oxygène, c'est en faire l'analyse *quantitative.*

L'analyse faite par l'électricité s'appelle *électrolyse.*

8. Synthèse. — *On appelle* **synthèse** *l'opération inverse de l'analyse, c'est-à-dire l'opération qui a pour but de reconstituer un composé à l'aide de ses éléments.*

Ainsi lorsqu'on fait brûler le gaz hydrogène dans l'oxygène, on obtient de la vapeur d'eau que l'on peut condenser et recueillir : on a donc fait la synthèse de l'eau.

9. Mélange. — *Un* **mélange** *est la réunion de deux ou plusieurs corps, qui conservent leurs propriétés particu-*

lières, *et dont les proportions relatives sont [arbitraires.*

Par exemple, si l'on mêle de la limaille de fer et de la fleur de soufre, en proportion quelconque, on obtient une poudre qui n'est homogène qu'en apparence, car au microscope on distingue très bien les grains de soufre de ceux de fer. En promenant un aimant au sein de la masse, on peut séparer complètement le fer d'avec le soufre. C'est un *mélange.*

L'air, comme on le verra ci-dessous, est un mélange de deux gaz, dont l'un fait brûler les corps et s'appelle oxygène. L'autre n'entretient pas la combustion, on le désigne actuellement sous le nom d'azote atmosphérique.

10. Combinaison. — *Une* combinaison *est un corps composé, dont les propriétés diffèrent de celles des composants, et dans lequel les éléments sont associés en proportion déterminée.*

Par exemple, si l'on chauffe du soufre avec de la limaille de cuivre, ces deux substances s'unissent intimement, et l'on obtient un corps nouveau, le sulfure de cuivre, dont les propriétés ne rappellent en rien celles des éléments qui lui ont donné naissance. Il est impossible, même avec les microscopes les plus puissants, d'y distinguer le soufre du cuivre. C'est une combinaison.

On appelle aussi *combinaison* la réaction qui s'opère entre divers éléments, au moment où ils se combinent.

Les combinaisons dont l'un des éléments est l'oxygène sont dites *oxygénées.* Si un composé binaire oxygéné donne, en s'unissant avec l'eau, un liquide qui rougit la teinture de tournesol, on l'appelle *anhydride,* et la combinaison de l'anhydride avec l'eau est un **acide.**

Dans le cas où le liquide obtenu ne rougit pas le tournesol, le composé binaire est un *oxyde.* L'oxyde est **basique,** si sa combinaison avec l'eau ramène au bleu la teinture rougie de tournesol, et **neutre** dans le cas contraire.

Donc les *acides* sont des combinaisons de l'eau avec un anhydride, qui rougissent la teinture de tournesol. Les *bases,* combinaisons de l'eau avec un oxyde basique, ramènent au bleu la teinture rougie du tournesol. Les corps *neutres* sont des composés qui n'ont pas d'action sur le tournesol.

Les composés oxygénés qui cèdent facilement leur oxygène sont encore appelés **oxydants**. Telles sont les combinaisons de l'azote avec l'oxygène, qui seront étudiées dans un chapitre spécial.

CHAPITRE PREMIER

AIR ATMOSPHÉRIQUE

11. Historique. — Lavoisier[1], en 1775, fit connaître la nature de l'air, qui jusque-là avait été considéré comme l'un des quatre éléments. (Les quatre éléments des anciens étaient : l'*air*, le *feu*, la *terre* et l'*eau*.)

On donne le nom d'*atmosphère* à la couche d'air qui enveloppe le globe terrestre.

12. Composition de l'air. — **Expérience de Lavoisier.** — La première analyse de l'air fut faite par Lavoisier. Il chauffa, pendant douze jours, un ballon à moitié rempli de

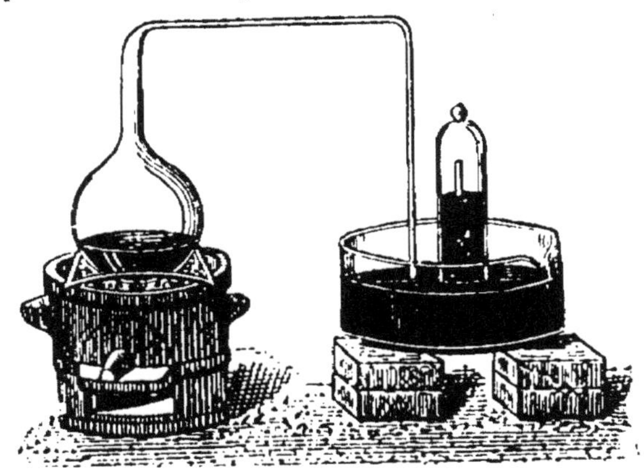

Fig. 1. — Analyse de l'air par le mercure (Lavoisier).

mercure, et dont le col recourbé s'engageait sous une cloche reposant sur le mercure et renfermant de l'air (fig. 1). Il

---

[1] LAVOISIER, né à Paris en 1743, a été le créateur de la chimie moderne. Il mourut sur l'échafaud révolutionnaire, le 8 mai 1794.

vit le volume d'air diminuer peu à peu dans la cloche, et des pellicules rouges se former à la surface du mercure dans le ballon. Il constata que le gaz restant dans la cloche était impropre à la vie, et le nomma *azote*; et que les pellicules rouges étaient de l'*oxyde de mercure*, c'est-à-dire un composé résultant de la combinaison d'une partie du mercure avec l'oxygène de l'air renfermé dans l'appareil.

De plus, Lavoisier, en chauffant l'oxyde de mercure ainsi obtenu, le décomposa en mercure et oxygène, et, en mélangeant cet oxygène à l'azote de la cloche, il reconstitua l'air primitif.

Remarque. — Tout récemment deux chimistes anglais, lord Raleigh et le professeur Ramsay, ont découvert dans l'air d'autres gaz, tels que : l'*argon*, le *crypton*, le *métargon*, le *néon*.

Dans 100^{gr} d'air on a trouvé $1^{gr},3$ d'argon, ce qui correspond, en volume, à un peu moins de 1^l d'argon pour 100^l d'air (exactement $0^l,94$). En dehors de l'oxygène, de l'azote et de l'argon, tous les autres gaz dont la présence a été constatée dans l'air ne s'y trouvent qu'en quantité négligeable.

13. Propriétés physiques. — L'air est un *mélange gazeux*, sans odeur ni saveur, incolore sous une faible épaisseur, mais bleuâtre sous une grande épaisseur. L'air est pesant; c'est à sa densité que l'on rapporte celle des gaz et des vapeurs; sa densité est donc 1 par convention.

Le docteur Linde a imaginé un appareil qui permet de liquéfier l'air. Le liquide obtenu bout à la température de $-192°$.

14. Propriétés chimiques. — L'air n'a de propriétés chimiques que celles qui appartiennent à chacun des gaz qui le constituent: c'est donc un oxydant par son oxygène.

15. Analyse de l'air en volume. — 1° **Par le phosphore à froid.** — On introduit un bâton de phosphore sous une éprouvette graduée, renfermant un volume d'air connu, et dont l'extrémité ouverte plonge dans l'eau. Peu à peu le phosphore se combine avec l'oxygène de l'air pour former de l'anhydride phosphoreux (P^2O^3), qui se dissout dans l'eau. Bientôt il ne reste plus que l'azote atmosphérique dans l'éprouvette (fig. 2). On reconnaît que l'air contient à peu près $\frac{1}{5}$ de son volume d'oxygène; tout le reste est formé d'azote mélangé de plusieurs autres gaz récemment découverts. Pour ces derniers gaz, le volume total ne dépasse guère $\frac{1}{100}$ de celui de l'air.

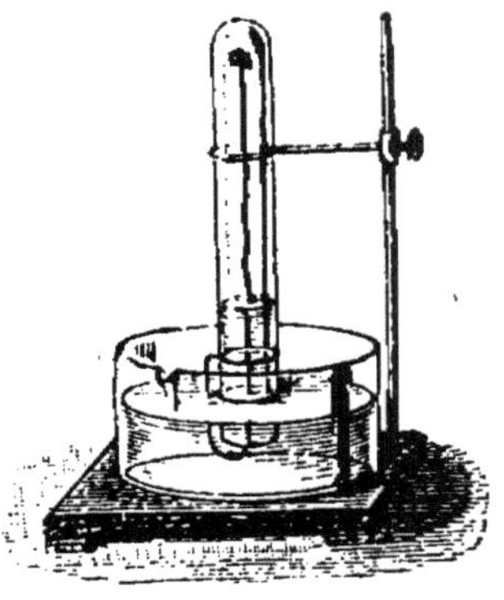

Fig. 2. — Analyse de l'air par le phosphore à froid.

2° Par le phosphore à chaud. — Un morceau de phosphore est placé à la partie supérieure d'une cloche courbe, contenant 100 cm³ d'air et dont l'extrémité ouverte plonge dans l'eau. Le phosphore, chauffé au moyen de la flamme d'une lampe à alcool (fig. 3), se vaporise, puis s'enflamme et brûle aux dépens de l'oxygène de l'air. La flamme descend jusqu'au niveau de l'eau, où elle s'éteint. L'expérience est alors terminée.

Fig. 3. — Analyse de l'air par le phosphore à chaud.

Après avoir laissé refroidir le gaz de la cloche, on constate que 21 cm³ ont disparu pour former un composé appelé *anhydride phosphorique* (P^2O^5). Le gaz disparu est de l'oxygène. Donc les 100 cm³ d'air contenaient à peu près $\frac{1}{5}$ de leur volume d'oxygène.

Analyse de l'air par le procédé Dumas et Boussingault. — Ce procédé consiste à faire passer un poids déterminé d'air sur de la tournure de cuivre, chauffée au rouge dans un tube de porcelaine, et à recueillir l'azote qui se dégage.

Le tube contenant la tournure de cuivre, pesé avant et après l'expérience, accuse une augmentation de poids qui est le poids de l'oxygène fixé sur le cuivre pour former de l'oxyde de cuivre (CuO); l'azote est pesé directement. On trouve ainsi que 100 grammes d'air renferment 77 gr. d'oxygène et 23 d'azote.

16. Substances contenues dans l'air atmosphérique. — **1° Vapeur d'eau.** — La vapeur d'eau de l'air se condense en buée ou en fines gouttelettes sur les corps plus froids que le milieu ambiant; par sa condensation, elle devient parfois visible (brouillard, jet de vapeur dans une atmosphère froide).

2° Anhydride carbonique. — L'anhydride carbonique (CO^2) est un gaz incolore, provenant ordinairement des combustions [1] ou de la respiration. Sa présence dans l'atmosphère se constate au moyen de l'eau de chaux. Ce liquide exposé à l'air se recouvre bientôt d'une pellicule blanche, formée par la combinaison de la chaux avec l'anhydride carbonique de l'atmosphère.

17. Applications. — Par l'oxygène qu'il contient, l'air est un principe essentiel de la respiration des végétaux et des animaux. Sa suppression détermine l'asphyxie.

C'est l'air qui transporte les éléments reproducteurs d'un grand nombre de végétaux et d'animaux microscopiques, et aussi les bacilles et les bactéries, agents des maladies contagieuses, et de beaucoup de fermentations.

On l'emploie, comme oxydant, dans une foule d'opérations industrielles, surtout en métallurgie.

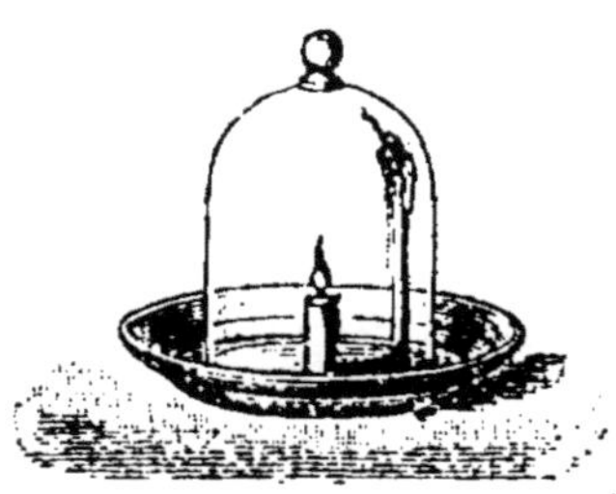

Fig. 4. — Action de l'oxygène dans la combustion.

C'est grâce à l'oxygène qu'il contient que l'air entretient les combustions. Une bougie allumée, placée sous une cloche (fig. 4), ne tarde pas à s'éteindre quand, par suite de la combustion, l'air de la cloche s'appauvrit en oxygène.

L'air comprimé acquiert une grande force élastique que l'on

---

[1] La combustion, comme on le verra plus loin, est la combinaison d'un corps avec l'oxygène.

utilise dans un certain nombre d'appareils : freins de wagons, appareils à souffler le verre, moteurs pour tramways, pompe à incendie, etc.

18. Air confiné. — On donne le nom d'air confiné à l'atmosphère d'une salle fermée. Lorsqu'une réunion un peu nombreuse séjourne dans un appartement clos, il arrive fréquemment que certaines personnes sont prises d'un malaise particulier, qui cesse très vite dès qu'elles sortent pour respirer l'air extérieur. L'atmosphère de la salle n'est donc pas la même que celle du dehors. Chacune des personnes présentes absorbe une certaine quantité d'oxygène, et exhale dans l'appartement du gaz carbonique ; de sorte que l'air de la salle s'enrichit constamment en gaz carbonique, tandis qu'il s'appauvrit en oxygène ; c'est ce changement de composition de l'air qui produit, au bout de quelque temps, une certaine gêne dans la respiration. On dit alors que l'air est *vicié*.

Pour éviter cet inconvénient, il est nécessaire d'aérer souvent toute salle où se trouvent réunies un grand nombre de personnes.

RÉSUMÉ

La première analyse de l'air fut faite par Lavoisier, qui reconnut que ce gaz était un mélange d'oxygène et d'azote.

Le phosphore à froid ou à chaud, le cuivre chauffé au rouge, absorbent l'oxygène de l'air, et laissent un résidu d'azote mêlé d'un peu d'*argon*, de *crypton*, de *métargon*, de *néon*, etc. On trouve encore dans l'air atmosphérique de la vapeur d'eau et de l'anhydride carbonique.

L'air est un gaz incolore sous une faible épaisseur, inodore, insipide, liquéfiable industriellement, de densité égale 1. Ce gaz est un principe essentiel à la vie des plantes et des animaux, et à l'entretien des combustions.

L'atmosphère d'une salle close s'appelle *air confiné*. Lorsque des réunions nombreuses se trouvent dans une même pièce, l'atmosphère intérieure s'appauvrit en oxygène et s'enrichit en gaz carbonique ; on dit alors que l'air est *vicié*.

CHAPITRE II

OXYGÈNE : O[1] = 16

19. Historique et état naturel. — L'*oxygène* fut isolé par Priestley[2] et étudié par Lavoisier.

C'est le plus répandu de tous les corps simples. Il constitue les $\frac{8}{9}$ du poids de l'eau et les $\frac{23}{100}$ de celui de l'air. Les tissus de tous les êtres organisés en contiennent.

20. Préparation. — **1° Par le chlorate de potassium.** — On chauffe dans un ballon un corps composé blanc

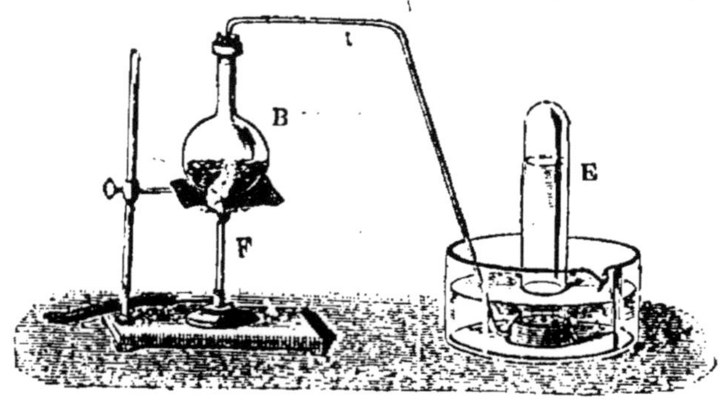

Fig. 5. — Préparation de l'oxygène par le chlorate de potassium.

appelé chlorate de potassium (ClO^3K) ou seul, ou mieux

---

[1] Ordinairement, après le nom d'un *corps simple*, nous écrivons un **symbole** constitué par une ou deux lettres. C'est une abréviation conventionnelle servant à désigner ce corps simple.

Parfois aussi, après le nom d'un corps composé, nous écrivons, entre parenthèses, la **formule** qui sert à représenter ce composé.

Plus tard, dans un chapitre spécial consacré à la nomenclature (ch. IX), nous étudierons les règles d'après lesquelles on doit écrire ces formules, qui facilitent puissamment l'étude de la Chimie.

En attendant, on peut faire abstraction de ces formules, ou s'en servir comme d'une écriture abrégée, en se bornant à remarquer que *la formule d'un composé contient les symboles de tous les corps composants.*

A la suite des *symboles* ou des *formules,* nous avons placé, en tête de chaque chapitre, certains nombres, que l'on appelle **poids atomiques** pour les corps simples, et **poids moléculaires** pour les corps composés. Ces nombres jouent un rôle important; mais on peut en faire abstraction jusqu'au chapitre IX, où nous en expliquerons la signification et l'usage.

[2] PRIESTLEY, chimiste anglais (1733-1804).

avec un peu d'une substance noire, nommée bioxyde de manganèse, qui facilite la décomposition (fig. 5). Le chlorate abandonne tout son oxygène, qui est recueilli sur la cuve à eau; il reste dans le ballon du chlorure de potassium.

2° Par calcination du bioxyde de manganèse. — On obtient également de l'oxygène en calcinant du bioxyde de manganèse (MnO^2); le résidu est un autre composé oxygéné du manganèse (Mn^3O^4) moins riche en oxygène.

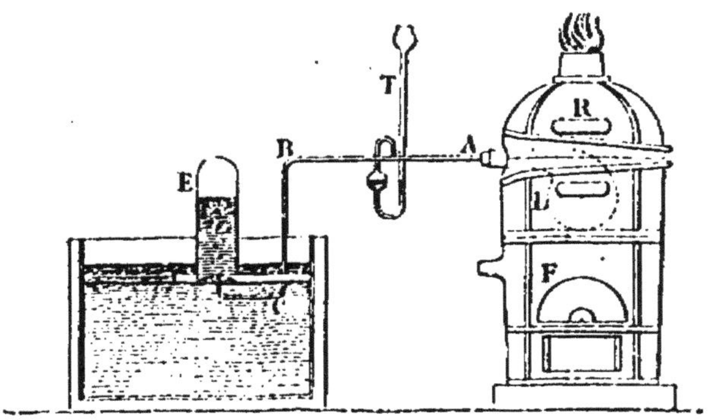

Fig. 6. — Préparation de l'oxygène par le bioxyde de manganèse.
F, fourneau. — L, cornue. — R, réverbère. — ABC, tube de dégagement.
— E, éprouvette. — T, tube de sûreté.

Remarque. — Pour avoir l'oxygène en grande quantité, on a songé à l'extraire de l'atmosphère. Le procédé, dû à Boussingault, consiste à chauffer à 600° de la baryte (BaO) dans un courant d'air. La baryte absorbe l'oxygène et produit du bioxyde de baryum (BaO^2), qui, sous l'influence d'une diminution de pression, résultant d'un vide partiel fait dans l'appareil, abandonne la moitié de son oxygène et régénère la baryte. Pour que ce procédé soit pratique, il faut que l'air soit préalablement dépouillé d'humidité et de gaz carbonique.

21. Propriétés physiques. — L'oxygène est un gaz incolore, inodore et insipide, peu soluble dans l'eau. Sa densité est 1,105; le poids du litre est donc :

$$1^{gr},293 \times 1,1056 = 1^{gr},430.$$

On a pu le liquéfier à très haute pression et à très basse température; c'est alors un liquide incolore, de densité moindre que celle de l'eau, et entrant en ébullition à — 184°.

22. Propriétés chimiques. — L'oxygène se combine

directement avec presque tous les corps. Ainsi le phosphore, le potassium, le sodium, s'unissent à l'oxygène à la température ordinaire. Le zinc, le cuivre, etc., s'oxydent, c'est-à-dire se combinent à l'oxygène, à une température plus élevée. Ce gaz entretient avec énergie les combustions. Un fil de fer que l'on plonge dans un flacon rempli d'oxygène, après en avoir fait rougir l'extrémité au feu, brûle avec incandescence (fig. 7). Le charbon, le soufre, le phosphore (fig. 8), préalablement allumés; le magnésium porté

Fig. 7.   Fig. 8.

au rouge, y brûlent avec éclat. Une allumette ou une bougie, présentant encore quelques points en ignition, se rallument spontanément dans l'oxygène.

23. Combustion.—Si la combustion, combinaison directe d'un corps avec l'oxygène, est accompagnée de lumière, on lui donne le nom de *combustion vive*. Telle est la flamme d'une bougie, la combustion du fer dans l'oxygène. Les causes qui favorisent ce phénomène sont : 1° l'enlèvement continu des gaz qui prennent naissance dans la réaction : c'est l'office des cheminées; 2° la production de courants d'air, tels que ceux produits par les soufflets; 3° l'état de division des corps en fragments, laissant entre eux des interstices, par lesquels les gaz chauds peuvent circuler, tels les copeaux de bois, par exemple ; 4° l'élévation de la température.

Si la combinaison d'un corps avec l'oxygène n'est pas accompagnée de lumière, on donne au phénomène le nom de *combustion lente*. La combustion lente du carbone dans le corps des animaux est l'origine de la chaleur animale. Le dégagement de chaleur peut être assez lent pour n'être pas appréciable au toucher (oxydation du fer à l'air humide).

Les phénomènes lumineux et calorifiques qui ne résultent pas de combinaisons ne sont pas des combustions; telles sont l'étincelle électrique, la chaleur produite par le frottement.

24. Usages. — L'oxygène est l'agent ordinaire des combustions; dans l'air il est l'élément essentiel de la respiration. Les médecins le font parfois respirer aux malades. Il est employé avec l'hydrogène pour produire, au moyen du chalumeau, une flamme à température très élevée.

RÉSUMÉ

L'oxygène, isolé par Priestley et étudié par Lavoisier, est un gaz incolore, inodore, insipide, peu soluble dans l'eau, de densité égale à 1,1056.

Ce gaz se combine à presque tous les corps : le fer, le magnésium, le soufre, le charbon, le phosphore, brûlent dans l'oxygène avec éclat. Un corps combustible présentant un point en ignition se rallume spontanément dans l'oxygène.

On prépare ce gaz en décomposant, par la chaleur, le chlorate de potassium ou le bioxyde de manganèse.

Lorsque l'oxygène se combine à un corps avec production de chaleur, on a une combustion : celle-ci est *vive* ou *lente*, suivant qu'elle est accompagnée, ou non, de lumière.

L'oxygène est un élément essentiel des combustions et de la respiration.

CHAPITRE III

AZOTE : Az = 14

25. Historique et état naturel. — L'*azote*, confondu d'abord avec l'anhydride carbonique, par suite de l'analogie de quelques propriétés, en fut distingué, en 1772, par Rutherford[1], chimiste anglais. Lavoisier, le premier, le découvrit dans l'air, dont il forme à peu près les $\frac{4}{5}$ du volume.

Il existe à l'état naturel sous forme d'azotates (salpêtres, etc.). Les végétaux, et surtout les animaux, en renferment dans leurs tissus à l'état de combinaison avec l'hydrogène, le carbone et l'oxygène.

26. Préparations. — **A. De l'azote atmosphérique.** — **1° Par le phosphore.** — Il suffit d'enflammer un morceau de phosphore placé dans une coupelle posée sur une rondelle de liège qui flotte à la surface de l'eau, et de recouvrir le tout d'une cloche que l'on maintient avec la main (fig. 9). Le phosphore, en brûlant, s'empare de l'oxygène de l'air, forme des fumées blanches d'anhydride phosphorique (P^2O^5), qui peu à peu se dissolvent dans l'eau ; il reste sous la cloche l'azote atmosphérique, qui est un mélange d'azote pur avec différents gaz : argon, néon, crypton, hélium.

Fig. 9. — Préparation de l'azote par le phosphore.

2° Par le cuivre chauffé au rouge. — On fait passer lentement, sur du cuivre chauffé au rouge dans un tube de porcelaine (fig. 10), un courant d'air sec et débarrassé de son gaz carbonique. Ce courant est obtenu en déplaçant l'air, renfermé dans un flacon, par de l'eau qu'on y amène au

---

[1] RUTHERFORD, chimiste anglais (1759-1819).

moyen d'un tube qui plonge jusqu'au fond. L'oxygène de l'air se fixe sur le cuivre pour former de l'oxyde de cuivre, et l'azote se dégage à l'extrémité du tube de porcelaine.

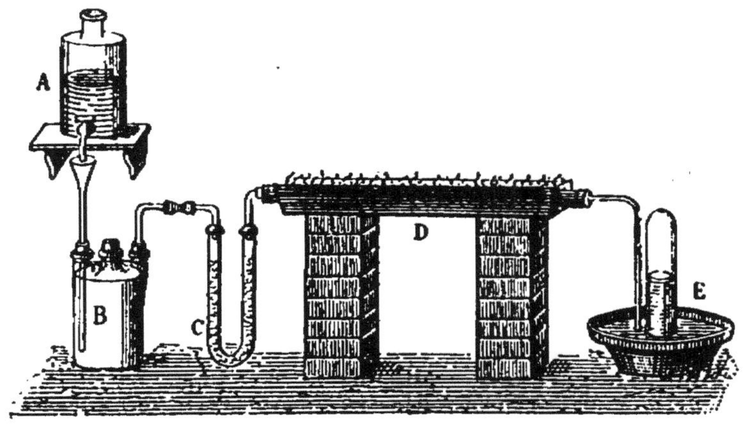

Fig. 10. — Préparation de l'azote par le cuivre.

A, flacon primitivement rempli d'eau; B, flacon primitivement rempli d'air; C, tube en U pour dessécher l'air; D, tube de porcelaine rempli de cuivre et placé sur un fourneau; E, éprouvette pour recueillir l'azote atmosphérique.

B. De l'azote pur. — **1° Par l'azotite d'ammonium.** — Ce sel, chauffé dans une cornue munie d'un tube abducteur, se décompose en eau et en azote pur.

2° Par l'ammoniaque. — Si un courant de gaz ammoniac passe sur de l'oxyde de cuivre chauffé au rouge, l'oxyde métallique est réduit, et il se dégage aussi de l'azote pur. Dans cette préparation il se produit aussi de la vapeur d'eau que l'on arrête facilement.

27. Propriétés. — 1° L'azote est un gaz incolore, inodore, peu soluble dans l'eau ; sa densité est 0,972 ; un litre pèse :

$$1^{gr},293 \times 0,9972 = 1^{gr},256.$$

2° L'azote est un corps neutre, ni *comburant*[1], ni *combustible* (fig. 11), non respirable, se combinant difficilement avec d'autres corps.

---

[1] Un corps *comburant* est un corps capable d'entretenir les combustions.

Des étincelles électriques produisent dans un mélange d'azote et d'hydrogène de petites quantités de gaz ammoniac (AzH^3). Le magnésium, chauffé au rouge, absorbe l'azote pur. Cette dernière propriété est utilisée pour isoler les nouveaux corps contenus dans l'azote atmosphérique.

28. Usages. — L'azote n'a presque aucune application pratique. Cependant il conserve les substances organiques qu'on y laisse séjourner, et sa présence dans l'air sert à tempérer l'action trop vive que l'oxygène pur exercerait sur l'organisme.

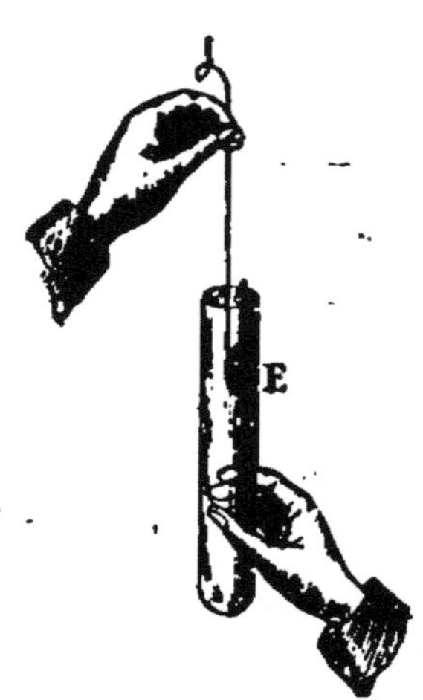

Fig. 11. — Une bougie allumée s'éteint dans l'azote.

RÉSUMÉ

L'azote, découvert par Lavoisier, est un gaz incolore, inodore, peu soluble dans l'eau. Un litre d'azote pèse 1gr,253. Ce gaz n'est ni comburant, ni combustible; il s'unit à l'hydrogène sous l'influence de l'étincelle électrique, et est absorbé par le magnésium porté au rouge. Cette dernière propriété est utilisée pour isoler les nouveaux gaz de l'air.

L'air est décomposé par le cuivre chauffé au rouge et par le phosphore. L'oxygène se fixe sur le cuivre ou le phosphore, et l'azote impur peut être recueilli.

L'azote pur provient de la décomposition par la chaleur de l'azotite d'ammonium, ou de l'action de l'oxyde de cuivre sur le gaz ammoniac à la température du rouge.

CHAPITRE IV

EAU : $H^2O = 18$

29. Historique et état naturel. — Pendant longtemps l'*eau* fut regardée comme l'un des quatre éléments de la nature. Lavoisier en fit le premier l'analyse à la fin du xviii° siècle, et constata qu'elle est composée d'hydrogène et d'oxygène.

L'eau est très répandue dans la nature. Tous les corps vivants en renferment.

30. Propriétés physiques. — L'eau pure est un liquide incolore sous une faible épaisseur, inodore et insipide. Sa densité est prise pour unité; un litre d'eau pèse 1ᵏᵍ à son maximum de densité, c'est-à-dire à $+ 4°$; ce qui explique comment, en hiver, les animaux aquatiques peuvent vivre : ils trouvent au fond des lacs ou des rivières une température élevée, relativement à celle de la surface.

Sous la pression de 76ᶜᵐ, l'eau entre en ébullition à une température qui a été prise pour le 100° degré du thermomètre centigrade, tandis que la température à laquelle elle se solidifie a été choisie pour le point zéro de la même échelle thermométrique. Elle cristallise en prismes hexagonaux groupés

Fig. 12. — Étoiles de cristaux de neige, vues avec une loupe grossissant environ 16 fois en surface.

avec une admirable régularité (fig. 12); ce sont ces cristaux qui forment, en hiver, les élégantes arborisations que l'on observe quelquefois sur les vitres des appartements.

En se congelant, l'eau augmente de volume; la densité de la glace à 0° est de 0,916; c'est pourquoi la glace flotte sur l'eau. Cet accroissement de volume explique divers phénomènes qui se produisent pendant l'hiver : la rupture des pierres poreuses dites gélives, des tuyaux de conduite ou des vases remplis d'eau, le déchirement des tissus de certaines plantes, etc.

Pouvoir dissolvant. — L'eau peut dissoudre un grand nombre de corps solides en proportions différentes, et se charger ainsi d'éléments qu'elle abandonne par évaporation.

La solubilité des gaz varie avec leur nature, la température et la pression. Les gaz les plus solubles sont l'ammoniaque, l'acide chlorhydrique, l'anhydride sulfureux, etc.; l'oxygène et l'hydrogène sont peu solubles. C'est grâce à l'air dissous dans l'eau des rivières que les poissons peuvent respirer. L'*eau de Seltz* est de l'eau ordinaire qui renferme en dissolution du gaz carbonique.

31. Propriétés chimiques. — **Action de la chaleur.** — L'eau est décomposée par la chaleur seule, vers 1000°; à cette température, l'hydrogène et l'oxygène se séparent; on dit alors que la vapeur se *dissocie*.

Action des métalloïdes. — Le chlore décompose l'eau en s'emparant de l'hydrogène, et en mettant l'oxygène en liberté.

Le *carbone* s'unit à l'oxygène de l'eau pour former de l'oxyde de carbone, et dégager de l'hydrogène ; c'est pourquoi les forgerons projettent quelquefois de l'eau sur le foyer de leur forge, afin d'en activer la combustion : il se produit alors deux gaz combustibles, l'hydrogène et l'oxyde de carbone.

Action des métaux. — Au contact du *potassium* l'eau se décompose : il se produit de l'hydrogène qui s'enflamme, et de la potasse qui se dissout dans l'eau.

Le *sodium* décompose également l'eau froide ; mais l'hydrogène ne s'enflamme que si l'on empêche le sodium de se déplacer à la surface du liquide.

Tous les *autres métaux*, à l'exception des *métaux pré-*

cieux, décomposent l'eau à une température plus ou moins élevée.

L'eau pure est un composé neutre pouvant cependant jouer tantôt le rôle de base, tantôt celui d'acide.

32. Analyse de l'eau. — Analyse en volumes par l'électrolyse. — Cette analyse se fait au moyen du *voltamètre*. Le voltamètre (fig. 13) est un vase de verre, rempli d'eau

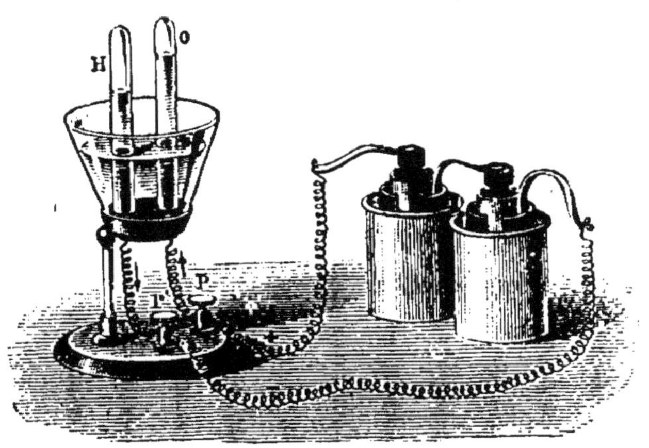

Fig. 13. — Décomposition de l'eau par le voltamètre.

acidulée par l'acide sulfurique, et dont le pied est traversé par deux lames métalliques, ordinairement en platine, isolées l'une de l'autre par une substance qui ne conduit pas l'électricité. La partie supérieure de chaque lame ou électrode est coiffée d'une éprouvette également remplie d'eau. Les deux électrodes communiquent par leur partie inférieure avec les deux pôles d'une pile. Lorsque le courant a passé, on voit des bulles gazeuses se dégager sur chacune des lames de platine et se rassembler au sommet des éprouvettes. Le gaz de l'une des éprouvettes brûle, c'est l'*hydrogène*, gaz combustible; celui de l'autre fait brûler, c'est l'*oxygène*, gaz comburant. On remarque, en outre, que le volume de l'hydrogène est double de celui de l'oxygène dégagé pendant le même temps.

Analyse en poids par le fer. — On fait passer un courant de vapeur d'eau sur des paquets de fil de fer chauffés au rouge dans un tube de porcelaine ; le fer fixe l'oxygène de l'eau pour former de l'oxyde salin de fer (Fe^3O^4), et l'hydrogène est recueilli (fig. 14). Si du poids de l'eau décomposée on retranche celui de l'oxygène, indiqué par l'augmentation de poids du fer, il reste le poids de l'hydrogène.

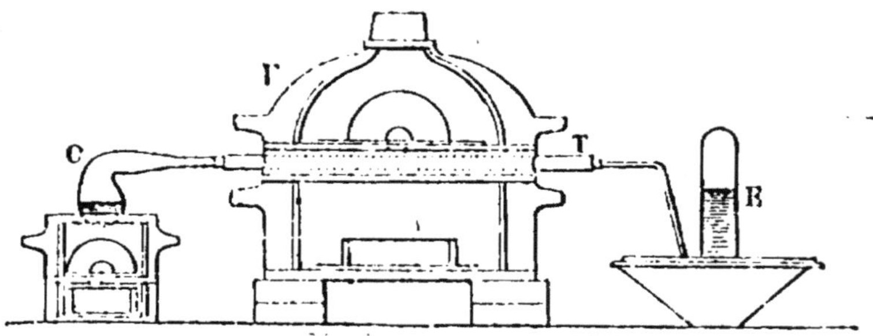

Fig. 14. — Analyse de l'eau par le fer.

La vapeur d'eau préparée dans la cornue C, passe dans le tube de porcelaine T, chauffé à l'aide du fourneau F. L'hydrogène est recueilli dans l'éprouvette E.

33. Synthèse de l'eau. — **Synthèse en volumes par l'eudiomètre à mercure.** — L'eudiomètre (fig. 15) se compose essentiellement d'un

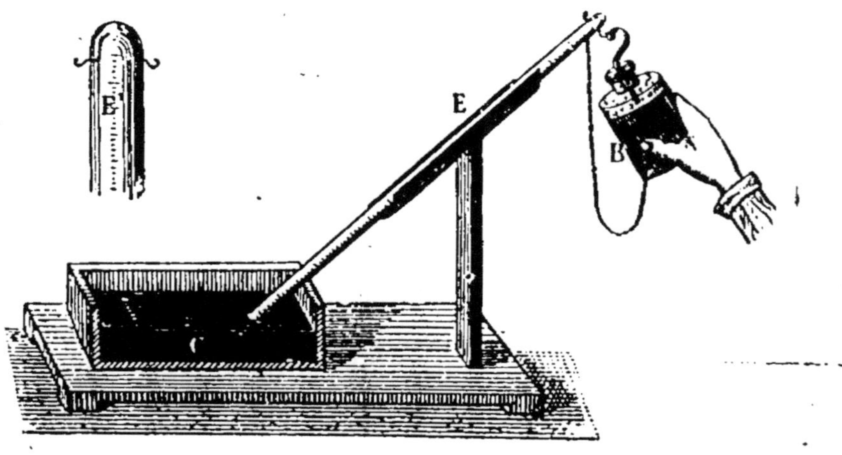

Fig. 15. — Synthèse eudiométrique de l'eau.

B, bouteille de Leyde ; E, eudiomètre ; E' extrémité de l'eudiomètre montrant les fils métalliques ; C, cuve à mercure.

long tube de verre gradué, à parois très épaisses, et traversé, à la partie supérieure, par deux tiges métalliques dont les extrémités sont en regard. On introduit dans l'eudiomètre 100 volumes d'hydrogène et 100 volumes d'oxygène, et l'on fait jaillir une étincelle électrique entre les deux tiges. Il y a combinaison des deux gaz, et formation puis condensation de vapeur d'eau. On constate alors qu'il ne reste plus que 50 volumes d'un gaz que l'on reconnaît facilement être de l'oxygène. Les 100 volumes d'hydrogène disparus se sont donc emparés de 50 volumes d'oxygène, pour former de l'eau.

Synthèse en poids. Méthode de Dumas. — Cette méthode consiste à faire passer un courant d'hydrogène sur de l'oxyde de cuivre (CuO), chauffé dans un tube de porcelaine. L'oxyde de cuivre abandonne son oxygène, qui se combine avec l'hydrogène pour former de l'eau, laquelle est absorbée par des matières desséchantes renfermées dans des tubes qu'elle doit traverser. La différence de poids des tubes, avant et après l'expérience, donne le poids de l'eau formée; la diminution du poids de l'oxyde de cuivre donne le poids de l'oxygène employé à la formation de l'eau.

Le poids de l'hydrogène combiné est égal à la différence entre le poids de l'eau obtenue et celui de l'oxygène.

On trouve ainsi que 8 gr. d'O et 1 gr. d'H donnent 9 gr. d'eau.

34. Usages de l'eau. — L'eau est employée pour une foule d'usages : elle est indispensable dans l'alimentation de l'homme, des animaux et des végétaux. On l'utilise, à l'état de glace, seule ou mélangée à certains sels, pour produire de grands froids.

Les eaux naturelles : eaux de pluie, de rivière, de source, etc., renferment toujours en dissolution des substances étrangères, qu'on peut éliminer par distillation : on obtient alors l'eau pure.

35. Eaux potables. — On appelle *eau potable* l'eau qui peut servir à l'alimentation. Elle doit être limpide, incolore, inodore, aérée, c'est-à-dire contenir de l'air en dissolution. Elle doit renfermer une faible proportion de matières minérales : silice, sel calcaire (carbonate de calcium). On la reconnaît à ce qu'elle dissout le savon et cuit bien les légumes.

Pour constater la présence de l'air en dissolution dans une eau potable, on adapte au col d'un ballon un tube recourbé se rendant sous une éprouvette placée sur la cuve à mercure, comme l'indique la figure 16. Le ballon, le tube et l'éprouvette étant complètement remplis d'eau, on chauffe

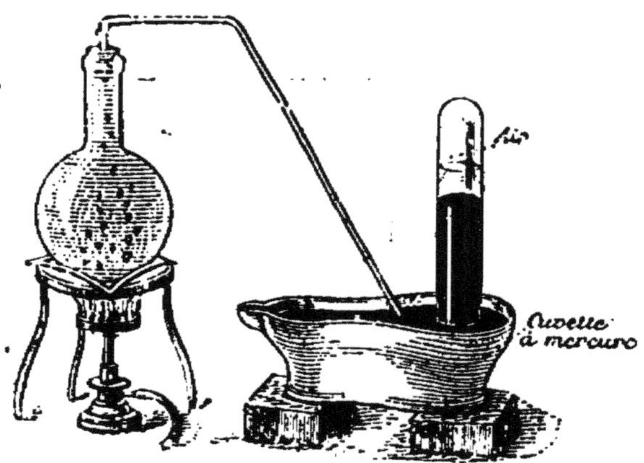

Fig. 16. — Dégagement de l'air dissous dans l'eau.

le ballon ; l'air en dissolution se dégage et se rend à la partie supérieure de l'éprouvette.

On dit que les eaux sont *dures, crues, séléniteuses, lourdes,* lorsqu'elles renferment une trop grande proportion de sels calcaires, surtout du sulfate de calcium (plâtre). On peut corriger en partie leur mauvaise qualité en y ajoutant de 1 à 2^{gr} de carbonate de sodium par litre : il y a décomposition du sulfate de calcium et formation de carbonate de calcium, qui se dépose au fond du vase; on dit qu'il se précipite. Dans cette réaction, il se produit aussi du sulfate de sodium qui communique à l'eau des propriétés purgatives.

Les eaux troubles ou contaminées sont en général assainies par filtration. Les *filtres* communs sont d'ordinaire composés de couches alternatives de sable et de charbon de bois, disposées dans le sens horizontal, et que l'eau traverse lentement de haut en bas.

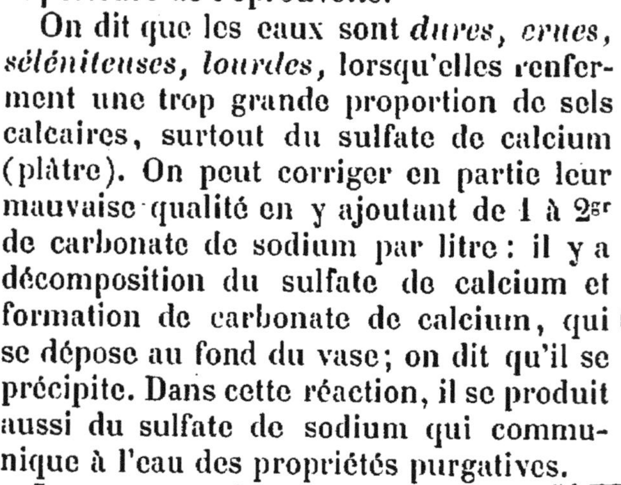
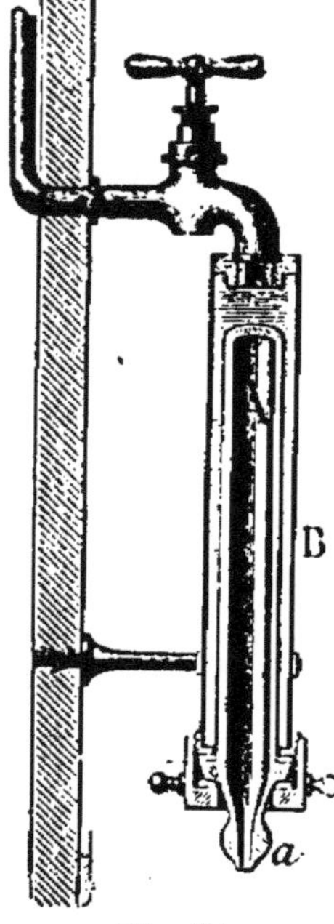

Fig. 17.
Filtre Chamberland.

Pour obtenir une filtration parfaite, Pasteur a imaginé de faire passer l'eau à travers des corps poreux. C'est d'après ces indications qu'a été imaginé le filtre Chamberland (fig. 17), très employé aujourd'hui.

Le filtre Chamberland se compose essentiellement d'un tube en porcelaine non vernie appelé bougie. Celle-ci est placée dans un cylindre nickelé, qui peut se visser sur les robinets de distribution. L'eau ne peut alors s'écouler qu'en traversant la porcelaine, où elle se filtre.

Quand l'appareil a fonctionné quelque temps, on le nettoie. Pour cela il faut brosser fortement la bougie, la laver à grande eau, et la faire bouillir dans de l'eau acidulée par de l'acide chlorhydrique.

Les *eaux incrustantes* sont des eaux chargées de carbonate de calcium, qu'elles laissent déposer en arrivant au contact de l'air.

36. Eaux minérales. — Les *eaux minérales* sont des eaux naturelles, chaudes ou froides, contenant en dissolution des gaz ou des sels qui leur donnent des propriétés curatives. Elles sont appelées *eaux thermales* quand leur température dépasse 20°.

Les *eaux sulfureuses* renferment de l'acide sulfhydrique (H_2S), qui leur communique une odeur d'œufs pourris : Aix-les-Bains, en Savoie ; Barèges, dans les Hautes-Pyrénées, et Eaux-Bonnes, dans les Basses-Pyrénées.

Les *eaux chlorurées* renferment du chlorure de sodium ($NaCl$) : Bourbon-l'Archambault, dans l'Allier ; Wiesbaden, en Allemagne.

Les *eaux carbonatées* contiennent des carbonates de sodium, de potassium, etc., en dissolution : Vichy, dans l'Allier ; Vals, dans l'Ardèche.

Les *eaux gazeuses* renferment du gaz carbonique, en quantité notable : eau de Seltz, en Allemagne ; Pougues, dans la Nièvre, etc. Elles facilitent la digestion.

Les *eaux sulfatées* renferment des sulfates de sodium, de calcium ou de magnésium : Plombières, dans les Vosges ; Epsom, en Angleterre ; Sedlitz, en Bohême. Les eaux qui renferment du sulfate de sodium ou de magnésium sont dites purgatives.

Les *eaux ferrugineuses* sont ainsi nommées à cause des sels de fer qu'elles contiennent : Bagnères-de-Luchon, dans la Haute-Garonne; Spa, en Belgique; Passy, à Paris.

37. Eau oxygénée. — L'*eau oxygénée* résulte de la combinaison de l'eau avec l'oxygène.

C'est un liquide sirupeux, incolore, facilement décomposable par la chaleur en eau et en oxygène, ce qui en fait un oxydant énergique. Elle blanchit la peau en produisant une sensation de brûlure. Elle transforme facilement le sulfure de plomb, qui est noir, en sulfate de plomb, qui est blanc; aussi l'emploie-t-on pour la restauration des vieux tableaux, dont les couleurs à base de plomb ont noirci avec le temps.

RÉSUMÉ

L'eau pure est un liquide incolore sous une faible épaisseur, inodore, insipide. Sous la pression de 76^{cm}, l'eau bout à une température qui a été choisie pour 100e degré du thermomètre centigrade; le zéro de la même échelle thermométrique correspond au point de congélation de l'eau.

L'eau augmente de volume en se solidifiant : c'est ce qui explique la rupture, par le froid, des vases et des tuyaux remplis de ce liquide.

L'eau dissout un grand nombre de sels ou de gaz, qu'elle abandonne par évaporation. La solubilité varie avec la nature du corps dissous, la température et la pression.

L'eau peut être décomposée par la chaleur, l'électricité, le carbone, le chlore et tous les métaux, à l'exception des métaux précieux. Le potassium et le sodium la décomposent à froid, les autres métaux agissent à des températures plus ou moins élevées. Dans l'analyse de l'eau, on utilise soit l'action de l'électricité (électrolyse), soit l'action du fer.

La synthèse de l'eau en volumes a été réalisée par la méthode eudiométrique, qui fait connaître que l'eau est formée de 2 vol. d'hydrogène et de 1 vol. d'oxygène, condensés en 2 vol. de vapeur.

Dumas a réalisé la synthèse en poids, en faisant passer un courant d'hydrogène sur de l'oxyde de cuivre chauffé. Il détermina ainsi que 9 gr. d'eau renferment 8 gr. d'oxygène et 1 gr. d'hydrogène.

Les usages de l'eau sont innombrables. Pour qu'elle puisse être employée sans danger pour l'alimentation, elle doit être limpide, incolore, inodore, aérée, et renfermer une faible proportion de carbonate de calcium. Une telle eau est dite *potable*.

Les eaux sont *dures, crues, séléniteuses, lourdes,* lorsqu'elles renferment une trop grande proportion de sels calcaires, surtout du plâtre. On remédie à ces mauvaises qualités par l'addition à l'eau de 1 à 2 gr. de carbonate de sodium, par litre.

Les eaux *non potables* sont généralement assainies par filtration.

Les eaux minérales sont des eaux naturelles chaudes ou froides, contenant en dissolution des gaz ou des sels qui leur donnent des propriétés curatives. Elles sont dites *thermales* quand leur température dépasse 20°.

L'*eau oxygénée*, combinaison de l'eau avec l'oxygène, est un liquide incolore, sirupeux, facilement décomposable par la chaleur en eau et en oxygène; c'est un oxydant énergique.

CHAPITRE V

HYDROGÈNE : H = 1

38. Historique et état naturel. — L'*hydrogène* fut découvert au XVIIe siècle et étudié par Cavendish [1].

Il entre, avec le carbone et l'oxygène, dans la constitution de presque tous les composés organiques. L'eau en contient le neuvième de son poids.

39. Préparation. — 1° *Par l'eau, le zinc et l'acide sulfurique.* — On introduit de l'eau et du zinc dans un flacon à deux tubulures (fig. 18); on verse ensuite peu à peu de l'acide sulfurique (SO^4H^2) par un tube à entonnoir qui plonge dans l'eau du flacon. Le zinc prend la place de l'hydrogène dans la constitution de l'acide, et met ainsi le gaz en liberté. Il reste dans le flacon une dissolution de sulfate de zinc (SO^4Zn).

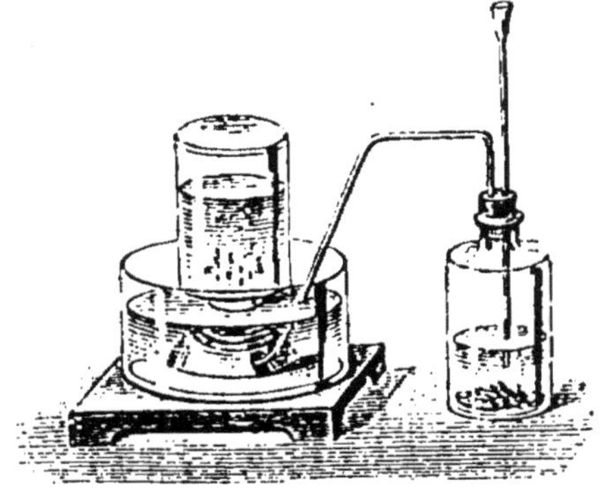

Fig. 18. — Préparation de l'hydrogène par le zinc et l'acide sulfurique.

Avec l'acide chlorhydrique, la réaction donnerait du chlorure de zinc ($ZnCl^2$) avec dégagement d'hydrogène.

---

[1] CAVENDISH, chimiste et physicien anglais (1731-1810).

2° Par la vapeur d'eau et le fer chauffé au rouge.

3° On pourrait également obtenir l'hydrogène en décomposant l'eau à froid par la pile (n° 32).

40. Propriétés physiques. — L'hydrogène est un gaz incolore, inodore et insipide quand il est pur. Lorsqu'on le respire, il change la voix. *C'est le plus léger de tous les corps* [1]; sa densité est 14 fois $\frac{1}{2}$ moindre que celle de l'air, c'est-à-dire 0,0693. Un litre d'hydrogène à 0° et sous la pression de 76^{cm} pèse 0^{gr},089. Il est peu soluble dans l'eau. Son extrême légèreté permet de le faire passer d'une éprouvette dans une autre, comme l'indique la fig. 19. Il traverse avec la plus grande facilité les corps poreux;

Fig. 19.
Transvasement de l'hydrogène.

Fig. 20.
Diffusibilité de l'hydrogène.

une feuille de papier tendue sur l'orifice d'un flacon plein d'hydrogène n'empêche pas le gaz de s'échapper à travers les pores du papier : on peut alors l'enflammer (fig. 20).

Si l'on entoure la flamme de l'hydrogène d'un tube vertical, la colonne d'air se met à vibrer et rend un son parfois intense. C'est l'expérience de *l'harmonica chimique* (fig. 21).

41. Propriétés chimiques. — L'hydrogène est un gaz irrespirable, mais non délétère. Il brûle avec une flamme

---

[1] Cependant on commence à soupçonner l'existence d'un gaz encore plus léger, qui flotterait, dit-on, sur l'hydrogène, dans la chromosphère du soleil. Ce gaz, révélé par l'analyse spectrale, a reçu le nom de *coronium*. M. Dewar croit même en avoir trouvé quelques traces dans l'air atmosphérique, à côté de l'argon, du néon et de l'hélium.

pâle et très chaude (fig. 22) en se combinant avec l'oxy-

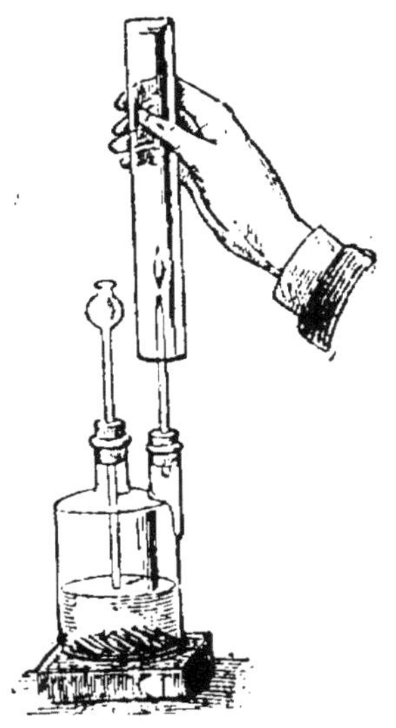

Fig. 21.
Harmonica chimique.

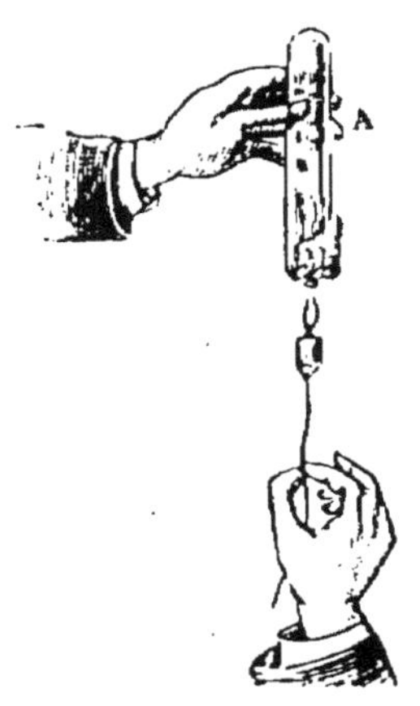

Fig. 22.
Combustion de l'hydrogène.

gène de l'air pour former de l'eau (fig. 23); mais il n'entretient pas la combustion.

Un mélange de deux volumes d'hydrogène et d'un volume d'oxygène détone violemment à l'approche d'une flamme, ou au contact de l'étincelle électrique; il se forme de la vapeur d'eau.

La combustion de l'hydrogène est accompagnée d'un dégagement de chaleur considérable, utilisée dans l'emploi du *chalumeau à gaz oxhydrique* (fig. 24). Le chalumeau se compose de deux tubes concentriques

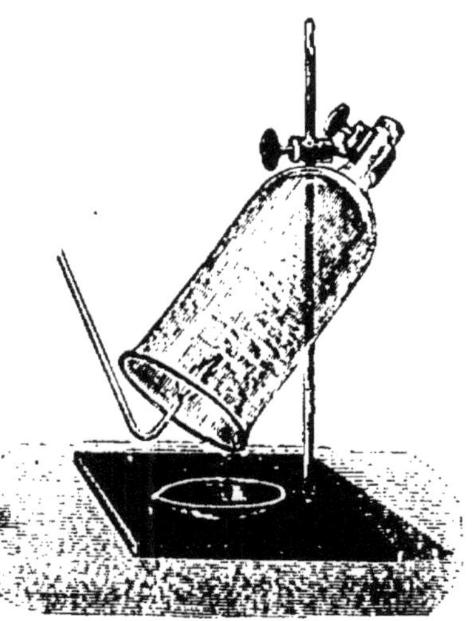

Fig. 23.
Vapeur d'eau produite par la combustion de l'hydrogène dans l'air.

effilés ; l'oxygène arrive par le tube central et l'hydrogène par l'espace annulaire compris entre les deux tubes, de sorte que les deux gaz ne se mélangent qu'au sortir de l'appareil.

En dirigeant le dard de la flamme du chalumeau sur un cylindre de chaux vive ou de magnésie, celui-ci devient incandescent et donne une lumière très éclatante (*lumière de Drummond*).

La *propriété caractéristique* de l'hydrogène est son *affinité pour l'oxygène*. Il décompose beaucoup d'oxydes métalliques, en donnant de l'eau et en laissant le métal

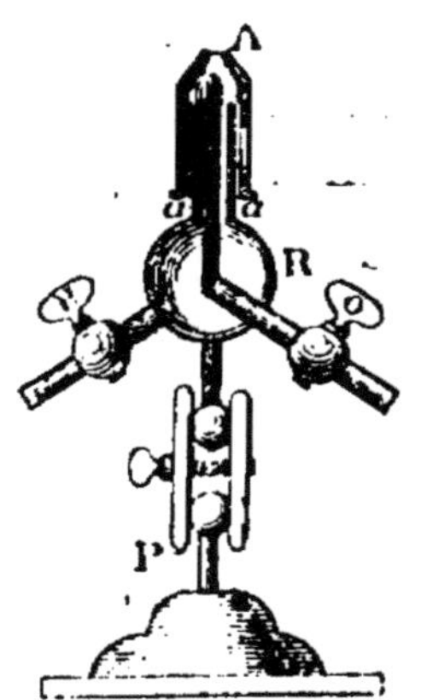

Fig. 24. — Chalumeau à gaz oxhydrique.

O,H, robinets laissant arriver les gaz oxygène et hydrogène ;
A, région où s'effectue la combinaison.

pur. Ainsi, lorsqu'on fait passer un courant d'hydrogène sur de l'oxyde de cuivre chauffé dans un tube, on voit que ce corps, qui est noir, se transforme en cuivre métallique rouge. Cette décomposition est appelée *réduction* de l'oxyde. L'hydrogène est donc un *agent réducteur*[1], et, comme tel, fréquemment employé dans les laboratoires.

42. Usages. — En raison de sa légèreté, l'hydrogène est utilisé pour le gonflement des ballons en caoutchouc ou en baudruche ; mais, comme il traverse facilement les enveloppes, on préfère gonfler les aérostats avec du gaz d'éclairage, bien que ce dernier soit plus dense[2]. La température de la flamme de l'hydrogène, avivée par l'oxygène, est utilisée dans le chalumeau et les appareils à projection lumineuse.

---

[1] On appelle *réducteurs*, les corps qui s'emparent facilement de l'oxygène d'un composé.

[2] Aujourd'hui on emploie souvent l'hydrogène pur ; la déperdition du gaz est empêchée par un vernis spécial qui recouvre le taffetas de l'enveloppe.

RÉSUMÉ

L'*hydrogène,* découvert par Cavendish, est un gaz incolore, inodore, insipide, de densité 0,0693, peu soluble dans l'eau. Il traverse facilement les corps poreux. Si la flamme de l'hydrogène est entourée d'un tube, elle produit un son intense (harmonica chimique). L'hydrogène n'est pas comburant; il se combine facilement avec l'oxygène, propriété utilisée pour réduire certains oxydes métalliques. Le mélange de 2 vol. d'hydrogène avec 1 vol. d'oxygène détone violemment au contact d'une flamme ou de l'étincelle électrique.

La chaleur très forte fournie par la combustion de l'hydrogène est utilisée dans le chalumeau à gaz oxhydrique.

L'hydrogène s'obtient dans les laboratoires en décomposant l'eau par le zinc en présence de l'acide sulfurique ou de l'acide chlorhydrique.

La légèreté de l'hydrogène désigne naturellement ce gaz pour le gonflement des ballons.

CHAPITRE VI

ACIDE CHLORHYDRIQUE — CHLORE — CHLORURES

---

§ I. — Acide chlorhydrique, $HCl = 36,5$.

43. Historique et état naturel. — L'acide chlorhydrique était autrefois connu des alchimistes, qui l'obtinrent par la distillation d'un mélange de sel marin et de sulfate de fer, et lui donnèrent les noms d'*acide muriatique* et d'*esprit de sel.* Gay-Lussac[1] et Thénard[2] en déterminèrent la composition.

On le trouve dans les fumerolles qui se dégagent des volcans.

44. Préparation. — **I. Préparation des laboratoires.** — On chauffe, dans un ballon, un mélange de chlorure de sodium ou sel marin ($NaCl$) avec de l'acide sulfurique (SO^4H^2).

---

[1] GAY-LUSSAC, savant français, célèbre par ses nombreuses découvertes en physique et en chimie (1778-1850).

[2] THÉNARD, chimiste français (1777-1857), découvrit le bore, inventa le bleu qui porte son nom, etc.

Un atome d'hydrogène est remplacé par un atome de sodium ; l'acide chlorhydrique se dégage, et il reste du sulfate acide de sodium (SO^4NaH).

On recueille le gaz sur le mercure.

II. Préparation industrielle. — Dans l'industrie, le mélange d'acide et de sel est introduit dans des cylindres en fonte chauffés dans un fourneau ; le gaz se rend dans des touries ou bonbonnes contenant de l'eau dans laquelle il se dissout (fig. 25). Cette préparation a surtout

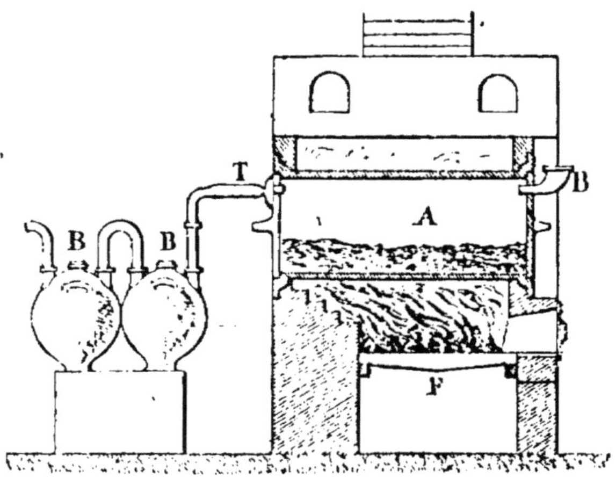

Fig. 25. — Préparation industrielle de l'acide chlorhydrique.

F, foyer ; A, cylindre contenant le mélange ; B, entonnoir pour l'introduction de l'acide sulfurique ; T, tube de dégagement ; B, B, touries.

pour but d'obtenir le sulfate de sodium, nécessaire à la fabrication du carbonate de sodium par le procédé Leblanc.

45. Propriétés physiques. — L'acide chlorhydrique est un gaz incolore, produisant à l'air des fumées blanches qui retombent en brouillards. Son odeur est vive et suffocante ; sa densité égale 1,26 ; un litre de cet acide à 0° et à la pression de 76^{cm}, pèse $1^{gr},63$.

Solubilité dans l'eau. — L'affinité de ce gaz pour l'eau est tellement grande, que si on débouche brusquement sur ce liquide un flacon rempli de gaz chlorhydrique, on voit l'eau s'y précipiter comme dans le vide. A la température de 15°, l'eau peut absorber 475 fois son volume de gaz chlorhydrique, et 500 fois à 0°.

Acide dissous. — Dans les laboratoires on se sert de l'acide dissous. Cette dissolution aqueuse est incolore lorsqu'elle est pure; celle du commerce est jaune, à cause des impuretés qu'elle renferme.

46. Propriétés chimiques. — L'acide chlorhydrique n'est ni comburant, ni combustible. C'est un acide énergique, attaquant tous les métaux, à l'exception de l'or et du platine.

Il se combine directement avec le gaz ammoniac, en formant d'abondantes fumées blanches de chlorure d'ammonium (AzH^4Cl).

47. Usages. — On emploie l'acide chlorhydrique pour la préparation du chlore et des chlorures, pour décaper et dissoudre les métaux, pour isoler la gélatine des os.

48. Eau régale. — L'*eau régale*, ainsi nommée parce qu'elle dissout l'or, le roi des métaux, est un mélange de trois ou quatre parties d'acide chlorhydrique avec une partie d'acide azotique. La propriété dissolvante de ce liquide est mise en évidence de la manière suivante : Deux verres renferment, l'un de l'acide azotique, et l'autre de l'acide chlorhydrique; on introduit une feuille d'or dans chaque verre, elle reste intacte; mais si l'on mélange les deux liquides, l'or disparaît, par suite de la production du chlore qui dissout le métal.

§ II. — Chlore, $Cl = 35,5$.

49. Historique et état naturel. — Le chlore a été découvert, en 1774, par Scheele, chimiste suédois. Il fut étudié, au commencement du XIXe siècle, par Gay-Lussac et Thénard. On ne le rencontre dans la nature qu'à l'état de combinaisons, dont la plus importante est le chlorure de sodium (NaCl) ou *sel marin*.

50. Préparation. — **Par l'acide chlorhydrique et le bioxyde de manganèse (procédé de Scheele).** — On chauffe légèrement le mélange d'acide chlorhydrique et de bioxyde de manganèse dans un ballon. L'hydrogène de l'acide chlorhydrique (HCl) s'unit à l'oxygène du bioxyde de manganèse (MnO^2), pour former de l'eau; une moitié du chlore se combine au manganèse, l'autre est mise en liberté.

On ne peut recueillir le chlore sur le mercure, qu'il attaque, ni dans l'eau, qui le dissout. On fait arriver le gaz directement au fond d'un flacon, dans lequel il s'accumule en raison de sa grande densité (fig. 26).

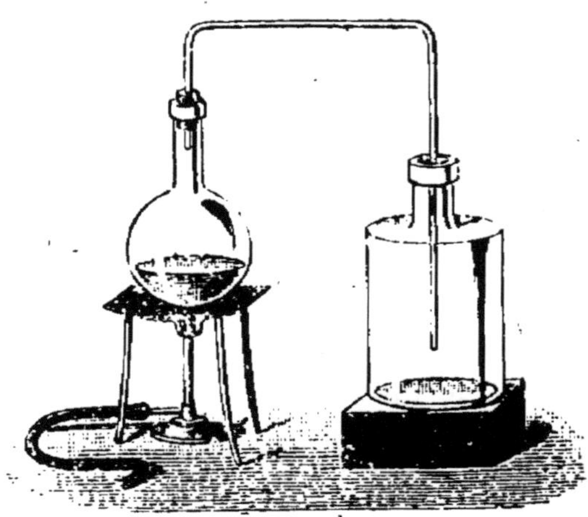

Fig. 26. — Préparation du chlore.

Procédé de Berthollet. — On verse de l'acide sulfurique sur un mélange de bioxyde de manganèse et de sel marin, contenu dans un appareil semblable à celui de la figure 26, et on chauffe. Il se forme du sulfate de manganèse et du sulfate acide de sodium.

Au point de vue industriel, le premier procédé est préférable; car on peut, au moyen du chlorure de manganèse, régénérer le bioxyde, produit assez rare et d'un prix élevé.

Procédé Weldon. — On neutralise par du carbonate de calcium l'excès d'acide chlorhydrique qui se trouve avec le chlorure de manganèse; puis après avoir séparé, par décantation, les produits précipités, l'on ajoute au liquide de la chaux délayée dans de l'eau (lait de chaux): l'on fait ensuite passer un vif courant d'air dans la masse; le manganèse s'oxyde et se combine, à l'état de bioxyde, avec l'excès de chaux, tandis que le chlore passe à l'état de chlorure de calcium. On peut employer la combinaison de calcium et de bioxyde de manganèse (*manganite de calcium*), ou la décomposer par l'acide sulfurique, ce qui régénère le bioxyde.

La dissolution de chlore s'obtient en faisant passer le chlore gazeux dans une série de flacons communiquant entre eux et renfermant de l'eau froide. Le liquide obtenu doit être conservé dans des flacons noirs; car, sous l'influence de la lumière, le chlore décompose l'eau. Cette dissolution est capable de dissoudre l'or en feuilles.

51. Propriétés physiques. — Le *chlore* est un gaz

jaune verdâtre, d'une odeur suffocante, assez soluble dans l'eau, qui en dissout une fois et demie son volume à la température ordinaire, et trois fois à 8°. Sa densité est 2,44; d'où un litre de chlore à 0°, et à la pression de 76ᶜᵐ, pèse 3ᵍʳ,17.

52. Propriétés chimiques. — Action de l'hydrogène. — La propriété *caractéristique* du chlore est son *affinité pour l'hydrogène*. Un mélange de chlore et d'hydrogène, à volumes égaux, détone avec violence dès qu'on l'expose à la lumière du soleil ou à celle de la flamme du magnésium : il se forme de l'acide chlorhydrique. A la lumière diffuse, la combinaison se fait lentement.

Action des autres corps simples. — La plupart des *métalloïdes* se combinent avec le chlore ; quelques-uns, comme le phosphore, l'antimoine et l'arsenic, avec production de lumière.

Les *métaux* s'unissent au chlore en donnant des chlorures

Fig. 27.
Combustion de l'antimoine dans le chlore.

Fig. 28.
Combustion du potassium dans le chlore.

métalliques. Ainsi le potassium s'enflamme spontanément dans un flacon rempli de chlore (fig. 28).

Action sur les composés hydrogénés. — En raison de son affinité pour l'hydrogène, le chlore décompose facilement les composés hydrogénés, tels que l'eau et l'acide sulfhydrique.

L'eau de chlore exposée à la lumière est décomposée : il

se forme de l'acide chlorhydrique, et l'oxygène est mis en liberté. Cette propriété explique pourquoi l'eau de chlore est un corps *oxydant,* vis-à-vis des substances avides d'oxygène. L'action décomposante du chlore sur l'acide sulfhydrique est la cause de son emploi comme désinfectant.

Enfin le chlore est un *décolorant* énergique : il détruit les couleurs d'origine organique (indigo, tournesol, bois de campêche, etc.), en s'emparant de l'hydrogène qu'elles renferment.

53. Usages. — Le chlore est employé dans la préparation des chlorures désinfectants et décolorants, dont les principaux sont le chlorure de chaux, l'eau de Javel et l'eau de Labarraque.

§ III. — Les chlorures.

54. État naturel. — Les chlorures métalliques sont des combinaisons binaires, dont l'un des éléments est le chlore.

Certains de ces composés sont très répandus dans la nature; on trouve particulièrement les chlorures de sodium, de potassium, de magnésium, soit dans l'eau de la mer, soit dans certains terrains où ils forment des gisements assez importants.

55. Préparation des chlorures dans les laboratoires. — Les chlorures métalliques peuvent s'obtenir artificiellement :

1° Par l'action directe du chlore sur les métaux. — C'est en faisant passer un courant de chlore sur de l'étain ou du fer chauffés que l'on obtient les chlorures d'étain ($SnCl^4$) et de fer (Fe^2Cl^6).

2° Par l'action de l'acide chlorhydrique sur le métal. — Si dans un vase contenant de l'acide chlorhydrique on introduit un fragment de zinc, il se dégage de l'hydrogène, et le zinc se transforme en chlorure ($ZnCl^2$), qui se dissout dans le liquide.

3° Par l'action de l'eau régale sur le métal. — C'est ainsi que l'on prépare le chlorure d'or et le chlorure de platine.

56. Propriétés physiques. — La plupart des chlorures sont incolores, inodores et facilement fusibles. Tous sont volatils et presque tous solubles dans l'eau.

57. Propriétés chimiques. — L'électricité décompose tous les chlorures fondus en leurs éléments. Le métal se rend sur la cathode, lame reliée au pôle négatif d'une source électrique; et le chlore se dégage autour de l'anode, lame conductrice reliée à l'autre pôle.

Les métaux *alcalins* enlèvent leur chlore à la plupart des chlorures et mettent le métal en liberté. Cette propriété a été utilisée pendant longtemps pour préparer l'aluminium et le magnésium.

58. Chlorure de sodium ou sel marin (NaCl). — **Propriétés.** — Le *chlorure de sodium* est un corps solide, inodore, blanc, doué d'une saveur franchement salée; il cristallise en cubes dont le groupement forme des pyramides quadrangulaires creuses ou *trémies* (fig. 29). Lorsqu'on chauffe le sel marin, il décrépite, parce que l'eau qui a été emprisonnée entre les lamelles des cristaux pendant leur formation se

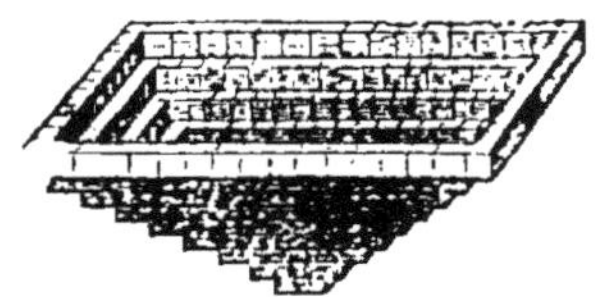

Fig. 29. — Trémie de sel.

vaporise et les fait éclater. Le chlorure de sodium est soluble dans l'eau, et sa solubilité varie peu avec la température.

État naturel et extraction. — Le chlorure de sodium est très répandu dans la nature. On le trouve :

1° A l'état solide, dans le sein de la terre (*sel gemme*). Il existe des mines de sel en Pologne (Wieliczka), en Souabe, en Bavière, dans le Wurtemberg, en Espagne (mines de Cardona, en Catalogne), en France (Lons-le-Saunier).

Quand les amas de sel sont considérables, on les exploite directement; quands ils le sont moins, on envoie, par des trous de sondage, de l'eau qui se charge de sel et que l'on évapore ensuite dans de grands bassins. Ce procédé d'extraction est pratiqué dans l'Est de la France.

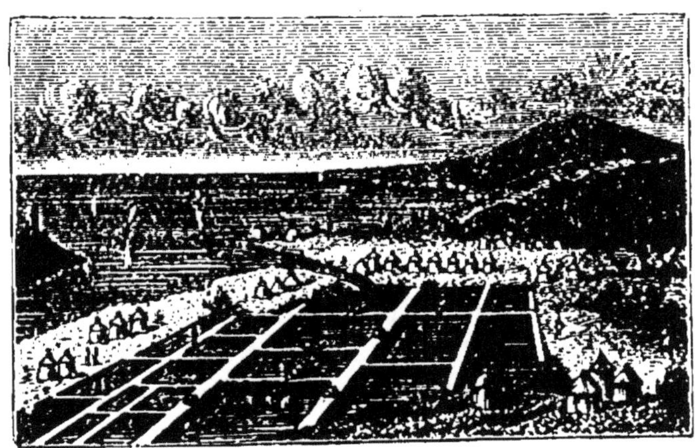

Fig. 30. — Marais salants.

2° A l'état dissous dans les eaux de la mer, qui en contiennent environ 2 °/₀ (*marais salants*, fig. 30). On évapore l'eau de mer dans une série de bassins peu profonds. Le sel obtenu contient, outre le chlorure de sodium, du chlorure de magnésium, des sulfates de calcium et de magnésium en assez faibles proportions.

59. Usages. — Le chlorure de sodium sert à préparer l'acide chlorhydrique (n° 35), le sulfate et le carbonate de sodium. On l'emploie pour vernisser les poteries grossières, pour conserver les viandes et pour assaisonner les aliments, etc.

60. Électrolyse du chlorure de sodium. — L'électrolyse du chlorure de sodium est sa décomposition par le courant électrique.

1° Si l'on fait passer le courant dans le sel fondu, le *sodium* (Na) se rend sur la cathode, et le *chlore* (Cl) se dégage autour de l'anode. On peut ainsi recueillir séparément ces deux éléments. Toutefois, comme le sodium est très altérable à l'air, on emploie comme cathode du mercure qui formera avec le métal alcalin un amalgame d'où il sera facile de retirer le sodium.

2° Si le courant traverse une *dissolution* aqueuse de sel marin, les éléments *sodium* et *chlore* se sépareront comme dans le cas du chlorure fondu ; mais le sodium, au lieu de rester libre, s'unira à l'eau de la dissolution qui est autour de la cathode pour former de la soude. Aussi l'électrolyse est aujourd'hui un des principaux procédés industriels de préparation de la soude. Les appareils destinés à cet effet doivent être disposés de telle façon que la soude formée ne soit pas traversée par le chlore libre, sans quoi il se produirait de l'hypochlorite de sodium ; un dispositif spécial doit permettre, en outre, de maintenir séparée la dissolution de chlorure de sodium.

61. Chlorures décolorants. — Les chlorures décolorants sont l'*eau de Javel*, la *liqueur de Labarraque* et le *chlorure de chaux*.

L'eau de Javel, mélange d'hypochlorite de potassium

et de chlorure de potassium, peut s'obtenir en dirigeant un courant de chlore dans une dissolution étendue de potasse caustique.

Cette eau de Javel prend encore naissance dans l'électrolyse du chlorure de potassium dissous, si on n'élimine pas la potasse caustique produite autour de la cathode.

La liqueur de Labarraque, mélange d'hypochlorite et de chlorure de sodium, s'obtient de la même manière, en remplaçant la potasse caustique ou le chlorure de potassium dissous par la soude caustique ou le chlorure de sodium dissous.

Le chlorure de chaux, mélange d'hypochlorite de calcium et de chlorure de calcium, s'obtient solide ou liquide, par un courant de chlore dirigé sur la chaux ou sur l'eau de chaux.

Ces trois *chlorures décolorants* sont si peu stables, que le gaz carbonique de l'air suffit pour les décomposer à la température ordinaire, avec formation du carbonate correspondant et *dégagement de chlore*.

Ce chlore, ainsi mis en liberté, agit comme *décolorant* et comme *désinfectant*.

Iode et brome.

62. Iode. — **Préparation.** — On retire l'iode des eaux qui ont servi à lessiver les cendres des varechs (*eaux-mères*); ces végétaux sont riches en sels de potassium, de sodium, en iodures et en bromures. Les eaux-mères traitées par un courant de chlore laissent déposer l'iode, tandis que le chlore s'unit au métal. On purifie l'iode par sublimation, en le chauffant dans des cornues complètement entourées de sable (fig. 31); les vapeurs se rendent dans des récipients extérieurs, dans lesquels elles se solidifient en lamelles.

On peut aussi l'extraire des iodures par un procédé analogue à celui qu'employait Berthollet pour obtenir le chlore. On traite l'iodure de sodium (NaI) par le bioxyde de manganèse et l'acide sulfurique.

Propriétés. — L'iode est un corps solide, ordinairement en lamelles de couleur gris d'acier, se volatilisant facilement en vapeurs violettes très lourdes et dangereuses à respirer. Il est peu soluble dans l'eau, mais très soluble dans l'alcool; cette solution est appelée *teinture d'iode.*

Avec l'amidon, il donne une coloration bleu intense due à la formation d'*iodure d'amidon.*

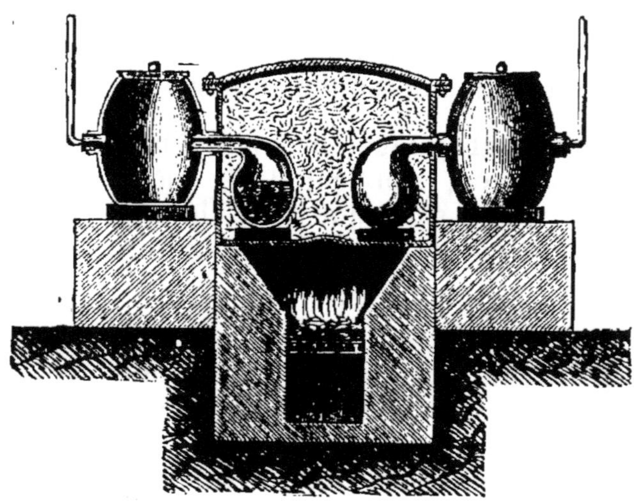

Fig. 31. — Sublimation de l'iode.

Usages. — L'*iodure de potassium* est employé en médecine comme dépuratif. La teinture d'iode trouve aussi des applications médicales nombreuses. La photographie utilise l'iode à l'état d'iodure de potassium.

63. Brome. — Le *brome* est un liquide rouge brun, peu soluble dans l'eau, mais très soluble dans l'éther et dans le sulfure de carbone. On le conserve sous l'acide sulfurique. C'est un poison violent. Il possède des propriétés analogues à celles du chlore et de l'iode.

On l'extrait, comme ce dernier, des eaux-mères des cendres de varechs. Après la précipitation de l'iode, les eaux sont concentrées, puis traitées par du bioxyde de manganèse et de l'acide sulfurique. Les bromures donnent la même réaction que les iodures et les chlorures, on obtient du brome au lieu de chlore ou d'iode; les autres produits sont identiques.

En médecine, on emploie le *bromure de potassium* comme calmant du système nerveux.

RÉSUMÉ

L'*acide chlorhydrique,* dont la composition fut déterminée par Gay-Lussac et Thénard, est un gaz incolore, d'une odeur suffocante, produisant à l'air des fumées blanches; sa densité est 1,26. Il est très soluble dans l'eau et se liquéfie à —80°, sous la pression de 76^{cm}.

Il attaque tous les métaux, sauf l'or et le platine; il n'est ni comburant ni combustible; il se combine directement au gaz ammoniac.

On l'obtient en chauffant un mélange de sel marin et d'acide sulfurique. Dans les laboratoires, le gaz se recueille sur la cuve à mercure; dans l'industrie, on le reçoit dans des bonbonnes contenant de l'eau où il se dissout.

L'acide chlorhydrique sert à préparer le chlore et les chlorures, à décaper et à dissoudre les métaux, à extraire la gélatine des os.

Le *chlore*, découvert par Scheele, est un gaz jaune verdâtre, d'une odeur suffocante, assez soluble dans l'eau, de densité 2,44. La propriété caractéristique de ce gaz est son affinité pour l'hydrogène; grâce à cette propriété, il décompose tous les composés hydrogénés, en donnant de l'acide chlorhydrique. Le mélange de chlore et d'hydrogène détone avec violence à la lumière solaire; à la lumière diffuse, la combinaison des deux gaz se fait lentement.

L'oxygène, l'azote, le carbone et le fluor sont les seuls métalloïdes avec lesquels le chlore ne se combine pas directement. Les métaux forment avec ce gaz des chlorures.

Le chlore s'obtient en chauffant légèrement un mélange de bioxyde de manganèse et d'acide chlorhydrique (procédé Scheele), ou de bioxyde de manganèse, de sel marin et d'acide sulfurique (procédé Berthollet).

Pour avoir l'eau de chlore, on fait barboter le gaz dans de l'eau froide. Le liquide obtenu s'altère à la lumière; il dissout les feuilles d'or.

Le *chlorure de sodium* ou sel marin est un corps blanc, inodore, d'une saveur salée, cristallisé en cubes dont le groupement forme des pyramides quadrangulaires creuses (trémies). Sa solubilité dans l'eau varie avec la température.

Il existe à l'état solide dans le sein de la terre. Si les amas de sel sont considérables, on les exploite par galeries; dans le cas contraire, on envoie, par des trous de sondage, de l'eau qui dissout du sel; le liquide salé est ensuite évaporé. Le chlorure de sodium se trouve à l'état dissous dans l'eau de la mer; cette eau, soumise à l'évaporation spontanée, dans les marais salants, laisse déposer le sel.

Avec le chlorure de sodium, on prépare l'acide chlorhydrique, le sulfate et le carbonate de sodium; on vernisse les poteries, on conserve les viandes et assaisonne les aliments. L'électrolyse du sel fondu donne du chlore et du sodium; celle du chlorure dissous produit du chlore et de la soude.

Les *chlorures décolorants* sont : l'eau de *Javel*, mélange d'hypochlorite et de chlorure de potassium; la liqueur de *Labarraque*, mélange d'hypochlorite et de chlorure de sodium; et le chlorure de chaux, mélange d'hypochlorite et de chlorure de calcium.

CHAPITRE VII

SODIUM ET SOUDE CAUSTIQUE

§ I. — Sodium, Na = 23.

64. Historique et état naturel. — Le *sodium* fut découvert, en 1807, par Davy, qui l'obtint en décomposant l'*hydrate de sodium* ou *soude caustique* (NaOH) par la pile. Il existe à l'état de chlorure dissous dans les eaux de la mer (*sel marin*) et à l'état de chlorure cristallisé (*sel gemme*), dans certains terrains. Beaucoup de plantes marines renferment des sels de sodium.

65. Préparations. — **1° Par l'électrolyse.** — On soumet le chlorure de sodium à l'action d'un courant électrique, en opérant comme nous l'avons vu au n° 60.

2° Par la décomposition du carbonate de sodium. — On introduit dans de grands cylindres en fer, placés horizontalement dans un fourneau à réverbère, un mélange pulvérisé de carbonate de sodium, de charbon et de carbonate de calcium. Le carbonate de calcium a pour but de rendre le mélange intime; car il empêche la fusion du carbonate de sodium qui viendrait flotter à la surface. Lorsqu'on chauffe, la décomposition se fait ; il se dégage d'abord de l'oxyde de carbone, puis viennent les vapeurs de sodium qu'on condense dans des récipients plats (fig. 32).

66. Propriétés physiques. — Le sodium est solide à la température ordinaire, assez mou, pour être coupé facilement au couteau; la coupure est brillante quand elle est fraîche. Sa densité 0,97, est un peu inférieure à celle de l'eau ; il fond à 95°.

67. Propriétés chimiques. — La surface du sodium se ternit rapidement au contact de l'oxygène de l'air, car le sodium est très oxydable ; aussi le conserve-t-on dans un liquide qui ne renferme pas d'oxygène, comme l'huile de naphte ou l'huile de schiste. Si on le chauffe fortement à l'air, il brûle avec une flamme jaune caractéristique.

Action de l'eau. — Projeté dans l'eau, le sodium se déplace vivement à la surface du liquide ; il se forme de la soude, et il se dégage de l'hydrogène. Si l'on empêche le

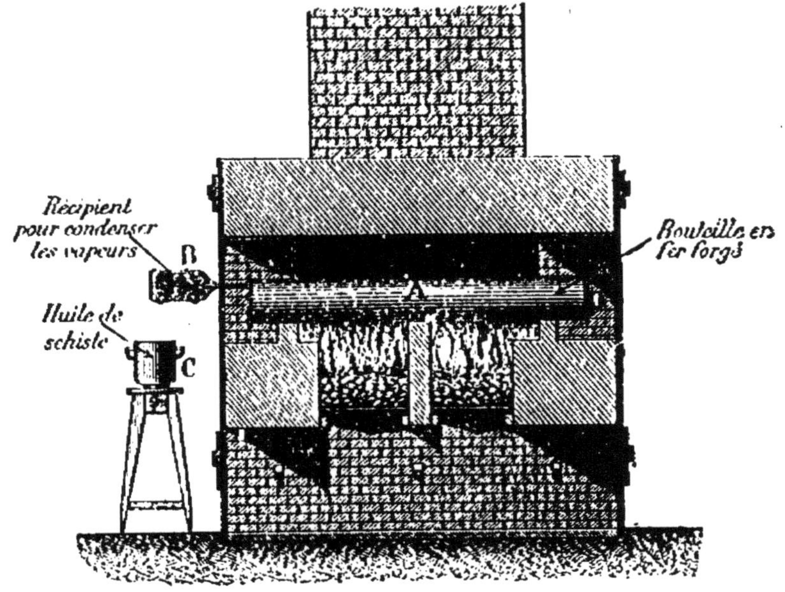

Fig. 32. — Préparation du sodium.

sodium de se déplacer en gommant l'eau, il s'enflamme et brûle avec une flamme jaune très brillante ; on obtient le même effet si l'on met en contact une petite quantité d'eau avec un fragment assez volumineux de métal.

Amalgame de sodium. — Un morceau de sodium, introduit dans du mercure légèrement chauffé, produit un bruit analogue à celui d'un fer rouge plongé dans l'eau ; il se forme un amalgame de sodium qui peut être employé pour produire, au sein d'un liquide, de l'hydrogène naissant.

§ II. — Soude caustique.

68. Préparations. — 1° **Par l'électrolyse du chlorure de sodium dissous.** — On fait passer le courant électrique dans une dissolution de sel marin, et on recueille la soude autour de la cathode, ainsi qu'on l'a vu au n° 60.

2° On peut préparer la soude par l'action de la chaux sur une dissolution bouillante de carbonate de sodium. Il se forme un précipité de carbonate de calcium et de la soude qui reste dans le liquide qui surnage. Ce dernier, d'abord évaporé à consistance sirupeuse, est ensuite coulé sur une plaque en cuivre, où il se prend par refroidissement en tablettes blanches ; c'est la *soude à la chaux*. Pour la purifier, on la dissout dans l'alcool ; on évapore, et on obtient la *soude à l'alcool*.

69. Propriétés. — La *soude caustique* est un corps solide, blanc, déliquescent [1], très soluble dans l'eau. C'est un caustique énergique qui corrode les tissus. Elle ramène au bleu la teinture de tournesol rougie par un acide [2].

Usages. — La soude est surtout employée dans les savonneries.

RÉSUMÉ

Le *sodium*, obtenu pour la première fois par la décomposition électrique de la soude, est un métal mou, à coupure brillante, très oxydable, de densité 0,97, fondant à 95° et brûlant avec une flamme jaune intense.

Il décompose l'eau à froid, se combine au mercure avec un dégagement de chaleur notable.

Le sodium s'obtient aujourd'hui par l'électrolyse du chlorure de sodium fondu. Ce métal se produit également dans la calcination

---

[1] Un corps *déliquescent* est celui qui a la propriété d'attirer l'humidité de l'air et de se dissoudre dans l'eau absorbée.

[2] Les anciens alchimistes lui donnaient le nom d'*alcali*, et c'est de là qu'est venu le nom de *métaux alcalins* (capables de former un alcali) donné aux métaux comme le potassium et le sodium.

d'un mélange de carbonate de sodium, de charbon et de carbonate de calcium.

La *soude* est un corps solide, blanc, déliquescent, très soluble dans l'eau, très caustique. Elle colore en bleu la teinture de tournesol rougie par un acide.

On la prépare en électrolysant la dissolution de sel marin, ou encore en faisant agir la chaux sur une dissolution bouillante de carbonate de sodium.

Elle est très employée dans les savonneries.

CHAPITRE VIII

GAZ AMMONIAC, $AzH^3 = 17$

70. État naturel. — Le gaz ammoniac prend naissance dans la décomposition de toutes les matières organiques azotées. On le trouve en particulier dans les eaux d'épuration du gaz d'éclairage, dans les eaux-vannes, etc. On le rencontre en petite quantité dans l'air après les pluies d'orage, ou dans le sol, uni à quelques acides.

71. Préparation. — **1° Par la chaux et le chlorure d'ammonium.** — On chauffe légèrement dans un ballon (fig. 33)

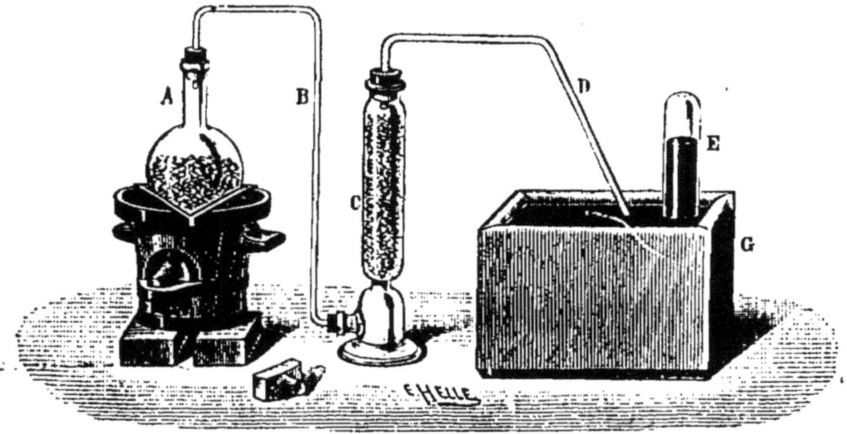

Fig. 33. — Préparation du gaz ammoniac.

un mélange de chaux vive (CaO) et de chlorure d'ammonium (AzH^4Cl). Le chlore se substitue à l'oxygène de la chaux; il se forme de l'eau et du chlorure de calcium ($CaCl^2$) qui reste dans le ballon; le gaz ammoniac se recueille sur le mercure, à cause de sa grande solubilité dans l'eau.

Pour obtenir la dissolution ammoniacale, on fait passer le gaz dans une série de flacons renfermant de l'eau froide (fig. 34). C'est ce qu'on appelle un appareil de Wolf.

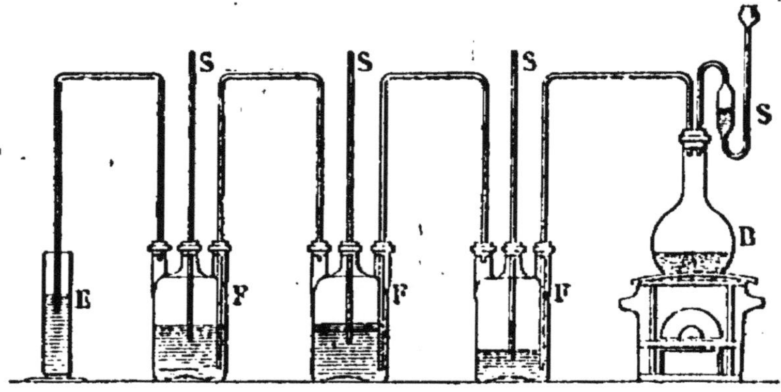

Fig. 34. — Préparation de la dissolution ammoniacale.
B, ballon où se produit le gaz ammoniac; S,S, tubes de sûreté; F,F,F, flacons renfermant de l'eau froide.

2° **Dans l'industrie**, on prépare la dissolution ammoniacale en distillant, en présence de la chaux éteinte, les eaux-vannes (urines putréfiées) ou les eaux d'épuration du gaz d'éclairage.

72. Propriétés physiques. — Le *gaz ammoniac* est incolore, d'une odeur forte, pénétrante, qui provoque les larmes; sa saveur est brûlante et caustique. Un litre d'eau à 0° peut en dissoudre plus de 1000 litres, et à 15° plus de 700 litres. Cette grande solubilité peut être rendue sensible par l'expérience suivante : On place dans l'eau du vase C (fig. 35) l'éprouvette A, pleine de gaz ammoniac et maintenue fermée à l'aide du mercure de la soucoupe B. Si on soulève brusquement l'éprouvette, elle est généralement brisée par le choc de l'eau contre les parois intérieures.

Sa dissolution est nommée *ammoniaque* ou *alcali volatil*.

Si on chauffe cette dissolution, elle abandonne tout le gaz

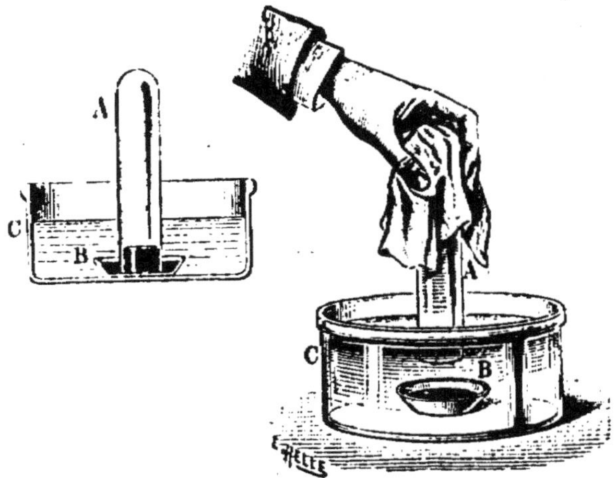

Fig. 35. — Solubilité du gaz ammoniac dans l'eau.

qu'elle renferme, et comme sa densité n'est que 0,596, on peut le recueillir dans un flacon, disposé comme l'indique la figure 36. En sortant du ballon, le gaz traverse un flacon contenant des matières desséchantes, qui retiennent la vapeur d'eau dont il est chargé.

Le gaz ammoniac refroidi et comprimé se liquéfie ; le liquide ainsi obtenu produit un froid intense en s'évaporant. Cette propriété est utilisée pour la fabrication de la glace, dans l'appareil Carré.

Le gaz ammoniac est absorbé en grande quantité par le charbon de bois. On montre cette pro-

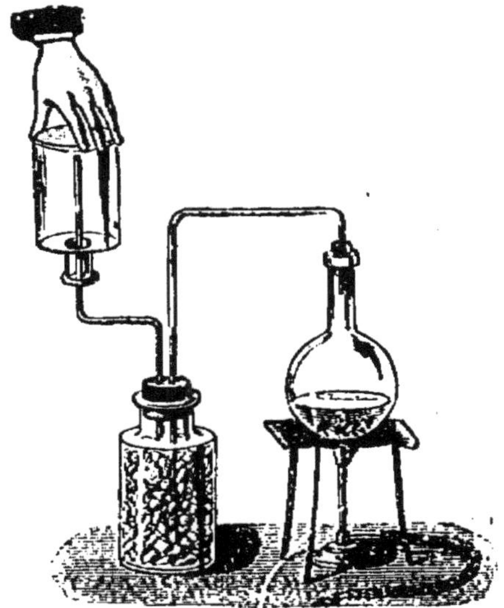

Fig. 36. — Gaz ammoniac
se dégageant de sa dissolution.

priété en portant au rouge un fragment de charbon, pour

le débarrasser de la vapeur d'eau et de l'air enfermé dans ses pores, puis on le plonge sous le mercure, et on le fait passer sous une éprouvette contenant du gaz ammoniac. Le gaz est absorbé, et le mercure remplit l'éprouvette.

73. Propriétés chimiques. — Action des métalloïdes. — Le gaz ammoniac est incombustible dans l'air; mais un mélange de 3 volumes d'oxygène avec 4 volumes de ce gaz détone à la flamme d'une bougie, en donnant de l'eau et de l'azote.

Le *chlore* et l'*iode* décomposent le gaz ammoniac, s'emparent de l'hydrogène, et laissent comme résidu des composés explosifs (chlorure et iodure d'azote) dangereux à manier.

Action des acides. — Le gaz ammoniac se combine très facilement avec les acides; ainsi lorsqu'on place l'un auprès de l'autre deux verres à pied contenant, l'un de l'alcali volatil et l'autre de l'acide chlorhydrique, il se produit d'abondantes fumées de sel ammoniac.

Dissolution ammoniacale. — La dissolution aqueuse de ce gaz est basique; elle verdit le sirop de violettes, et ramène au bleu la teinture de tournesol rougie par un acide. Elle peut être neutralisée par l'addition d'un acide. Il se forme alors des *sels ammoniacaux*[1].

74. Usages. — L'industrie consomme de grandes quantités d'ammoniaque pour la fabrication de la glace (appareil Carré) et pour la préparation de la soude dite à l'ammoniaque (procédé Solway).

On emploie l'ammoniaque pour dégraisser les étoffes et pour préparer certaines couleurs, entre autres le *carmin*. La dissolution ammoniacale est un réactif très employé dans les laboratoires.

RÉSUMÉ

Le gaz ammoniac se produit dans la décomposition de toutes les

---

[1] Les sels ammoniacaux ont des formules analogues à celles des sels de potassium. L'atome K de ceux-ci est remplacé par le radical AzH⁴. Ce corps n'a pu jusqu'à présent être isolé, mais on connaît son amalgame.

matières organiques. Il est incolore, d'une odeur pénétrante, de densité 0,596, très soluble dans l'eau. Il bleuit le papier de tournesol rougi, est absorbé par le charbon et se liquéfie sous la double influence du froid et de la compression. Il n'est pas combustible à l'air; mais un mélange de 4 vol. de gaz ammoniac et 3 vol. d'oxygène détone au contact d'une flamme en formant de l'eau et de l'azote. L'ammoniaque forme avec le chlore et l'iode des composés explosifs.

La dissolution ammoniacale verdit le sirop de violette, et ramène au bleu la teinture de tournesol rougie par un acide.

Si l'on met en présence deux flacons débouchés, contenant l'un de l'ammoniaque et l'autre de l'acide chlorhydrique, il se produit d'abondantes fumées blanches de chlorure d'ammonium (AzH^4Cl).

Le gaz ammoniac s'obtient en chauffant dans un ballon un mélange de chaux (CaO) et de chlorure d'ammonium (AzH^4Cl). Pour avoir la dissolution, il suffit de faire dégager le gaz dans l'eau froide.

L'industrie prépare cette dissolution en distillant, en présence de la chaux, les eaux-vannes et les eaux d'épuration du gaz d'éclairage.

L'ammoniaque sert à fabriquer la glace artificielle, à dégraisser les étoffes, à préparer la soude par le procédé Solvay, le carmin, etc.

CHAPITRE IX

NOMENCLATURE CHIMIQUE ET NOTATION ATOMIQUE

75. Nomenclature et notation. — *La* nomenclature *chimique est l'ensemble des règles adoptées pour nommer les corps.*

La notation *est l'ensemble des règles adoptées pour les représenter*, à l'aide de *symboles* qui abrègent le langage et simplifient l'écriture.

La notation actuelle est dite *atomique,* parce que le symbole de chaque corps simple représente en même temps le poids atomique de ce corps.

Les premiers principes de la nomenclature ont été publiés par Guyton de Morveau et Lavoisier, en 1787.

§ I. — Corps simples.

76. Nomenclature et notation des corps simples. — Les corps simples portent des noms particuliers qui ne sont soumis à aucune règle.

Le **symbole** de chaque corps-simple est constitué par la lettre initiale majuscule de son nom (actuel ou ancien), suivie au besoin d'une seconde lettre minuscule empruntée au même mot, dans le cas où plusieurs noms commencent par la même lettre.

Ex. : *Oxygène*, **O**; *hydrogène*, **H**; *potassium* (kalium), **K**; *sodium* (natrium), **Na**; *calcium*, **Ca**; *chrome*, **Cr**; *argent*, **Ag**, etc.

Chaque symbole représente en même temps *un atome* et *le poids atomique* de l'élément.

77.- Classement des métalloïdes d'après leur valence. — *On appelle* **valence** *d'un métalloïde, la propriété que possède son atome de se combiner à* 1, 2, 3... *atomes d'hydrogène pour former un composé stable.*

Un métalloïde est dit **monovalent**, **bivalent**, **trivalent** ou **tétravalent**, suivant que son atome se combine avec 1, 2, 3 ou 4 atomes d'hydrogène.

L'hydrogène lui-même est considéré comme monovalent.

On divise les métalloïdes en quatre classes, suivant leur valence, mais en réservant à l'hydrogène une place à part. Le tableau suivant indique aussi le poids atomique de chaque métalloïde.

Cette classification a en outre l'avantage de grouper ensemble les corps qui ont des propriétés chimiques analogues.

Division des métalloïdes en 4 classes.

HYDROGÈNE : H = 1			
MÉTALLOÏDES MONOVALENTS	MÉTALLOÏDES BIVALENTS	MÉTALLOÏDES TRIVALENTS	MÉTALLOÏDES TÉTRAVALENTS
Fluor, F = 19	Oxygène, O = 16	Azote, Az = 14	
Chlore, Cl = 35,5	Soufre, S = 32	Phosphore, P = 31	Carbone, C = 12
Brome, Br = 80	Sélénium, Se = 79	Arsenic, As = 75	Silicium, Si = 28
Iode, I = 127	Tellure, Te = 125	Antimoine, Sb = 120	
		Bore, B = 11	

78. Valence des métaux. — On détermine la valence des métaux par rapport au chlore, lequel est monovalent relativement à l'hydrogène.

Ainsi, *la valence d'un métal est la propriété que possède son atome de fixer 1, 2, 3... atomes de chlore, pour former un composé stable.*

Voici la valence, le symbole et le poids atomique des principaux métaux :

Monovalents :	{	Potassium, $K = 39$; Sodium, $Na = 23$; Argent, $Ag = 108$.
Bivalents :	{	Calcium, $Ca = 40$; Baryum, $Ba = 137$; Strontium, $Sr = 87,5$; Plomb, $Pb = 207$; Zinc, $Zn = 65$; Cuivre, $Cu = 63$; Fer, $Fe = 56$.
Trivalents :	!	Or, $Au = 197$.
Tétravalents :	{	Étain, $Sn = 118$; Platine, $Pt = 195$; Aluminium, $Al = 27$.

Remarque. — La valence d'un corps n'est pas toujours fixe : ainsi l'azote est trivalent dans le composé AzH^3, et pentavalent dans AzH^4Cl.

79. Lois des combinaisons. — Toutes les combinaisons sont soumises à quatre lois générales, très importantes :

A. — **Loi des poids.** — *Le poids d'un composé est égal à la somme des poids des composants.* (Lavoisier.)

Exemple : 16 gr. d'oxygène se combinent avec 2 gr. d'hydrogène pour former 18 gr. d'eau.

B. — **Loi des proportions définies.** — *Dans tout corps composé, les poids des composants sont dans un rapport invariable.* (Proust.)

Exemple : Le soufre et le fer se combinent toujours dans la proportion de 32 du premier pour 56 du second, c'est-à-dire dans le rapport de $\frac{4}{7}$. Si l'un des corps en présence se trouve en excès, cet excès n'entre pas en combinaison.

C. — **Loi des proportions multiples.** — *Lorsque deux corps s'unissent en diverses proportions, pour former des composés différents, les divers poids de l'un qui se combinent avec un même poids de l'autre sont toujours entre eux dans des rapports simples.* (Dalton.)

Ainsi, 71 parties de chlore, en poids, se combinent séparément avec 16, 48, 64, 80, 112 parties d'oxygène, pour former 5 composés distincts; ce qui donne les rapports simples :

$$\frac{16}{48} = \frac{1}{3}, \quad \frac{16}{64} = \frac{1}{4}, \quad \frac{16}{80} = \frac{1}{5}, \quad \frac{16}{112} = \frac{1}{7}.$$

Molécule. — Atome. — D'après des considérations fondées sur les lois de Proust et de Dalton, on admet que la matière n'est pas divisible à l'infini, mais qu'elle se compose de *molécules* et d'*atomes*.

1° *La* **molécule** *d'un corps simple ou composé est la plus petite particule de ce corps qui puisse exister à l'état libre.* Ainsi, une molécule d'eau est la plus petite particule isolée qui possède encore les propriétés de l'eau; une molécule d'oxygène est la plus petite particule isolée qui possède encore les propriétés de l'oxygène, etc.

Chaque molécule d'un composé est formée par des particules de ses divers éléments. Ainsi, une molécule d'eau contient des particules d'oxygène et d'hydrogène.

On appelle **affinité**, la force qui unit entre elles les molécules de plusieurs corps simples, pour former la molécule d'un corps composé.

2° *On appelle* **atome** *d'un corps simple, la plus petite particule de ce corps qui puisse entrer en combinaison.*

On admet que chaque molécule d'hydrogène contient deux atomes d'hydrogène; que chaque molécule de phosphore contient quatre atomes de phosphore; que chaque molécule de vapeur de mercure ne contient qu'un atome de mercure; qu'une molécule de gaz chlorhydrique contient un atome de chlore et un atome d'hydrogène; qu'une molécule d'eau contient deux atomes d'hydrogène et un atome d'oxygène.

Ordinairement ces atomes n'existent pas isolés à l'état libre; mais, dans les réactions chimiques, ils peuvent se séparer les uns des autres pour entrer individuellement en combinaison.

D. — Lois des volumes ou lois de Gay-Lussac. — 1° *Les volumes de deux gaz qui se combinent, évalués dans les* *mêmes conditions de température et de pression, sont toujours en rapport simple.*

2º *Le volume du composé est en rapports simples avec les volumes des composants.*

Exemple : 1 vol. d'hydrogène et 1 vol. de chlore donnent 2 vol. de gaz chlorhydrique.

1 vol. d'oxygène et 2 vol. d'hydrogène donnent 2 vol. de vapeur d'eau.

1 vol. d'azote et 3 vol. d'hydrogène donnent 2 vol. d'ammoniaque.

Remarque. — Lorsque deux gaz se combinent à volumes égaux, il n'y a généralement pas de contraction.

Au contraire, quand deux gaz se combinent à volumes inégaux, il y a toujours contraction. Cette contraction est de $\frac{1}{3}$ si les volumes composants sont dans le rapport $\frac{1}{2}$, et de $\frac{1}{2}$ si le rapport est $\frac{1}{3}$.

(Voir les exemples ci-dessus.)

§ II. — Corps composés.

80. Nomenclature et notation. — Le nom d'un composé se forme au moyen des noms des corps composants, suivant des règles que nous allons faire connaître.

La notation ou **formule** d'un composé s'obtient en écrivant, les uns à la suite des autres, les symboles de tous les composants, et en affectant chaque symbole d'un exposant qui indique le nombre d'atomes de cet élément qui entre dans la molécule du composé. On n'écrit pas l'exposant 1, qui est toujours sous-entendu.

La formule d'un composé représente à la fois une molécule de ce corps et le poids moléculaire de ce composé. Ce poids moléculaire n'est autre que la somme des poids atomiques de tous les composants.

81. Classement des corps composés. — Les corps composés se classent *d'après leurs fonctions chimiques,* c'est-à-dire d'après l'ensemble de leurs propriétés, en **acides, bases et sels.**

Voici les *caractères distinctifs des bases et des acides :*

Les acides { ont une *saveur aigrelette*, analogue à celle du vinaigre, *rougissent* la teinture bleue de tournesol, n'ont *pas d'action* sur la phtaléine du phénol.

Les bases { ont une saveur caractéristique dite *saveur alcaline*, *ramènent au bleu* la teinture de tournesol rougie par un acide, *rougissent* la phtaléine du phénol.

81. Composés binaires non oxygénés. — Les composés binaires non oxygénés sont de trois sortes :

A. — **Les hydracides.** — *On appelle hydracides tout acide qui résulte de la combinaison de l'hydrogène avec un autre corps simple.*

Son nom se forme du mot *acide* suivi du nom du corps simple et de la terminaison **hydrique.**

Sa formule commence par le symbole de l'hydrogène.

Ex. :   Acide chlorhydrique, HCl.
            Acide sulfhydrique, H^2S.

B. — **Composés en ure.** — On appelle ainsi tous les composés binaires non oxygénés qui ne sont pas acides et qui contiennent au moins un métalloïde.

Leur nom commence par l'élément électro-négatif[1] avec la terminaison **ure**, et se complète par le nom de l'autre élément. Leur formule, au contraire, commence par le symbole du corps électro-positif.

Ex. :   Sulfure de carbone, CS^2.
            Chlorure de potassium, KCl.
            Carbure de calcium, CaC^2.

Quand les deux éléments se combinent en plusieurs proportions, on se sert des préfixes **proto** ou **mono**, **sesqui**, **bi**, **tri**..., pour indiquer l'exposant 1, $\frac{3}{2}$, 2, 3... du corps électronégatif.

----

[1] Dans l'électrolyse d'un composé, l'élément qui se porte à l'électrode *positive* est dit *électro-négatif ;* l'élément qui se rend à l'électrode *négative* est dit *électro-positif.*

Par exemple, dans l'électrolyse de l'eau, l'hydrogène est électro-positif, l'oxygène est électro-négatif.

L'oxygène est le plus électro-négatif de tous les corps.

Tous les métalloïdes sont électro-négatifs par rapport aux métaux.

Ex. :

Monosulfure de potassium,	K^2S.
Bisulfure de potassium,	K^2S^2.
Trisulfure de potassium,	K^2S^3.
Tétrasulfure de potassium,	K^2S^4.
Pentasulfure de potassium,	K^2S^5.

C. — La combinaison de plusieurs métaux s'appelle *alliage.*

Ex. :   Alliage de cuivre et d'étain (laiton).

Les alliages qui contiennent du mercure prennent le nom d'*amalgame.*

Ex. :   Amalgame d'or, amalgame de potassium.

82. Composés binaires oxygénés. — Les composés binaires oxygénés forment deux groupes : les anhydrides et les oxydes.

A. — Anhydrides. — En général, dans les anhydrides, l'oxygène est combiné avec un métalloïde.

Trois cas peuvent se présenter :

1° *Si le métalloïde ne forme qu'un seul anhydride,* le nom de celui-ci se compose du mot *anhydride* suivi du nom du métalloïde et de la terminaison **ique**. La formule commence par le symbole du métalloïde et se termine par celui de l'oxygène.

Ex. :   Anhydride carbonique, CO^2.

2° *Si le métalloïde forme deux anhydrides,* le nom du moins oxygéné se termine en **eux**, et celui de l'autre en **ique**.

Ex. :   Anhydride sulfureux, SO^2.
      Anhydride sulfurique, SO^3.

3° *Si le métalloïde forme plus de deux anhydrides,* on distingue le moins oxygéné par le préfixe **hypo**, et le plus oxygéné par le préfixe **hyper** ou **per**.

Ex. :

Anhydride hypochloreux,	Cl^2O.
Anhydride azoteux,	Az^2O^3.
Anhydride azotique,	Az^2O^5.
Anhydride perazotique,	AzO^3.

B. — Oxydes. — En général, si c'est un *métal* qui se combine avec l'oxygène, on obtient un **oxyde basique**; si c'est un métalloïde, on obtient un **oxyde neutre**.

Trois cas peuvent se présenter :

1° *Si l'élément considéré ne forme qu'un seul oxyde,* le nom de celui-ci se compose du mot *oxyde* suivi du nom de l'élément[1].

La formule commence par le symbole de cet élément et se termine par celui de l'oxygène.

Ex. : Oxyde de carbone, CO.
       Oxyde de zinc, ZnO.

2° *Si l'élément forme deux oxydes,* on fait suivre le nom de l'élément, de la terminaison **eux** pour le moins oxygéné, et de la terminaison **ique** pour le plus oxygéné.

Ex. : Oxyde stanneux, SnO.
       Oxyde stannique, SnO^2.

3° *Si l'élément donne plus de deux oxydes,* on fait précéder le mot oxyde des préfixes **proto, sesqui, bi, tri...,** qui indiquent les exposants de l'oxygène $1, \frac{3}{2}, 2, 3...$

Ex. : Protoxyde de manganèse, MnO.
       Sesquioxyde de manganèse, $MnO\frac{3}{2} = Mn^2O^3$.
       Bioxyde de manganèse, MnO^2.
       Trioxyde de manganèse, MnO^3.

83. Composés ternaires oxygénés. — Les composés ternaires forment trois groupes principaux : les **oxacides,** les **hydrates** et les **sels oxygénés.**

A. — **Oxacides.** — *On appelle oxacides, les acides qui résultent de la combinaison des anhydrides avec l'eau.*

Ex. : L'anhydride sulfurique SO^3, combiné avec l'eau H^2O, donne l'acide sulfurique SO^4H^2.

Le nom d'un oxacide se compose du mot *acide* suivi du nom de l'anhydride qui lui donne naissance. (L'hydrogène n'est pas mentionné.)

La formule de l'oxacide commence par celle de l'anhy-

---

[1] Certains oxydes possèdent encore leurs anciens noms :
Ex. : L'eau (oxyde d'hydrogène).
       La chaux (oxyde de calcium).
       La potasse (oxyde de potassium).
       La soude (oxyde de sodium).
       La magnésie (oxyde de magnésium).
       L'alumine (oxyde d'aluminium).
       La baryte (oxyde de baryum).

dride modifiée, et se termine par le symbole de l'hydrogène [1].

Ex. :

Acide carbonique,	CO^2H^2.
Acide sulfureux,	SO^3H^2.
Acide sulfurique,	SO^4H^2.
Acide hypochloreux,	$ClOH$.
Acide chloreux,	ClO^2H.
Acide chlorique,	ClO^3H.
Acide perchlorique,	ClO^4H.

B. — Hydrates. — *Les hydrates sont des bases oxygénées qui résultent de la combinaison des oxydes métalliques avec l'eau.*

Ex. :   L'oxyde de cuivre CuO, avec l'eau, H^2O,
donne l'hydrate de cuivre CuO^2H^2 ou $Cu(OH)^2$.

On les nomme par ce mot *hydrate* suivi du nom du métal.

Leur formule commence par celle de l'oxyde modifiée, et se termine par le symbole de l'hydrogène.

Ex. :

Hydrate de zinc,	ZnO^2H^2.
Hydrate de K ou potasse,	KOH.
Hydrate de Na ou soude,	$NaOH$.
Hydrate de Ca ou chaux,	$Ca(OH)^2$.

C. — Sels oxygénés. — *On appelle sel le résultat de la substitution d'un métal à l'hydrogène d'un acide* [2].

On distingue deux espèces de sels oxygénés : les sels acides et les sels neutres. *Un* **sel acide** *provient d'un acide dans lequel une partie seulement de l'hydrogène a été remplacée par un métal.* On l'appelle *sel acide*, parce qu'il peut encore se combiner avec une base. *Un* **sel neutre** *provient d'un acide dans lequel tout l'hydrogène est remplacé par un métal.* Le nom de neutre lui vient de ce qu'il est sans action sur la teinture de tournesol et sur la phtaléine du phénol.

Pour obtenir le nom du sel au moyen du nom de l'acide correspondant, on change **eux** en **ite**, **ique** en **ate**, on ajoute

---

[1] Cependant on écrit aussi H^2SO^4, par exemple.

[2] Les atomes de métal substitués doivent représenter la même valence que les atomes d'hydrogène qu'ils remplacent.

le mot *acide* ou le mot *neutre*, et l'on termine par le nom du métal.

Pour passer de la formule de l'acide à la formule d'un *sel acide*, on diminue l'exposant de H, et l'on ajoute le symbole du métal substitué.

Ex. :

L'acide sulfurique, SO^4H^2,
donne le sulfate acide de potassium, SO^4KH ou SO^4HK.

Pour passer de la formule de l'acide à la formule d'un *sel neutre*, on remplace simplement le symbole de l'hydrogène par celui du métal [1].

Ex. :

L'acide sulfurique, SO^4H^2,
donne le sulfate neutre de potassium, SO^4K^2.

84. Des acides en général. — D'une manière générale, *un acide est le résultat de la combinaison de l'hydrogène avec un radical électro-négatif* [2].

Il y a deux sortes d'acides : les **oxacides**, ou acides oxygénés, et les **hydracides**, ou acides qui ne contiennent point d'oxygène.

Dans les oxacides, le radical est généralement formé d'un métalloïde combiné avec l'oxygène.

Ex. :

Acide azotique, AzO^3H.

Dans les hydracides, le radical électro-négatif est un corps simple (24).

Ex. :

Acide chlorhydrique, HCl.

85. Des sels en général. — Il y a deux espèces de sels : les **sels oxygénés**, acides ou neutres, qui dérivent des

---

[1] Si le nombre des atomes remplaçables n'est pas suffisant dans la formule de l'acide, on double ou l'on triple au besoin cette formule.

Un métal monovalent, K, se substitue à H dans AzO^3H, ce qui donne l'azotate de potassium AzO^3K.

Un métal bivalent, Ca, se substitue à H^2 dans $2(AzO^3H)$, ce qui donne l'azotate de calcium $(AzO^3)^2Ca$.

Un métal trivalent, Bi, remplace H^3 dans $3(AzO^3H)$, ce qui donne l'azotate de bismuth $(AzO^3)^3Bi$.

[2] On appelle *radical*, un atome (radical simple) ou un groupe d'atomes (radical composé) qui se comporte dans les réactions comme un élément.

Les radicaux composés ne peuvent pas toujours être isolés; ils n'existent alors qu'en combinaison.

oxacides, et les **sels haloïdes**, qui dérivent des **hydracides**.

Le mode de dérivation est le même dans tous les cas. Ainsi, les *sels haloïdes proviennent des hydracides dans lesquels l'hydrogène est remplacé par un métal.*

On les nomme et on les écrit de la même manière que les autres composés en **ure** (81, B).

La formule du sel se déduit de la formule de l'acide, en remplaçant le symbole de l'hydrogène par celui du métal.

Ex. :

L'acide chlorhydrique, HCl,
donne le chlorure de potassium, KCl.
L'acide chlorique, ClO^3H,
donne le chlorate de potassium, ClO^3K.

86. Équations chimiques. — *Une* **équation chimique** *est une identité entre deux sommes de poids moléculaires : Dans le premier membre figurent des corps réagissant les uns sur les autres, et dans le second, les produits de la réaction.*

Chaque formule représente à la fois la molécule du corps et son poids moléculaire, puisque le poids moléculaire d'un composé est égal à la somme des poids atomiques des composants.

Dans une équation chimique, tous les atomes contenus dans le premier membre doivent se retrouver dans le second.

Exemple : La réaction de l'acide sulfurique sur le zinc est représentée par l'équation suivante :

$$SO^4H^2 \quad + \quad Zn \quad = \quad SO^4Zn \quad + \quad H^2$$

Acide sulfurique.   Zinc.   Sulfate de zinc.   Hydrogène.

Pour traduire cette identité en nombre, il suffit de remplacer chaque symbole par le poids atomique qu'elle représente, et d'effectuer au besoin les additions partielles qui donnent les poids moléculaires de chaque composé.

On trouve : $\qquad 98 + 65 = 161 + 2.$

C'est-à-dire que 98 gr. d'acide sulfurique, en se combinant avec 65 gr. de zinc, donnent 161 gr. de sulfate de zinc et 2 gr. d'hydrogène.

Les équations chimiques permettent de résoudre facilement les problèmes de chimie.

RÉSUMÉ

La *nomenclature* est l'ensemble des règles adoptées pour **nommer** les corps. La *notation* est l'ensemble des règles adoptées pour les représenter ; l'actuelle est dite atomique, parce que le symbole de chaque corps simple représente son poids atomique.

Le *symbole* de chaque corps simple est constitué par la lettre initiale de son nom (actuel ou ancien), suivie au besoin d'une seconde lettre empruntée au même mot.

Les corps simples se divisent en *métalloïdes* et *métaux*. Les métalloïdes sont généralement dénués de l'éclat métallique, conduisent mal la chaleur et l'électricité et ne forment avec l'oxygène que des oxydes neutres.

Les métaux possèdent l'éclat métallique, conduisent bien la chaleur et l'électricité, et forment en général, avec l'oxygène, un oxyde basique.

La *valence* d'un métalloïde est déterminée par le nombre d'atomes d'hydrogène qui peuvent se combiner avec un atome de ce métalloïde.

Le fluor, le chlore, le brome et l'iode sont monovalents. L'oxygène, le soufre, le sélénium et le tellure sont bivalents. L'azote, le phosphore, l'arsenic, l'antimoine et le bore sont trivalents. Le carbone et le silicium sont tétravalents.

La valence d'un métal est déterminée par le nombre d'atomes de chlore qui peuvent se combiner avec un atome de ce métal. Le potassium, le sodium, l'argent, sont monovalents. Le calcium, le baryum, le strontium, le plomb, le zinc, le cuivre, le fer, sont bivalents. L'or est trivalent. L'étain, le platine, l'aluminium, sont tétravalents.

Loi de Lavoisier : Le poids d'un composé égale la somme des poids des composants.

Loi de Proust ou *des proportions définies :* Dans tout corps composé, les poids des composants sont dans un rapport invariable.

Loi de Dalton ou *des proportions multiples :* Toutes les fois qu'un corps, en se combinant avec un autre, donne plusieurs composés, il y a un rapport simple entre les différents poids de l'un des corps qui se combinent avec un même poids de l'autre.

La matière se compose de molécules et d'atomes.

La *molécule* d'un corps est la plus petite particule de ce corps qui puisse exister à l'état libre.

L'atome d'un corps simple est la plus petite partie qui puisse entrer en combinaison.

Lois de Gay-Lussac ou *des volumes :* 1° Les volumes de deux gaz qui se combinent, évalués dans les mêmes conditions de température et de pression, sont toujours en rapport simple.

2° Le volume du composé est en rapports simples avec les volumes des composants.

La formule d'un composé s'obtient en écrivant les uns à la suite des autres les symboles de tous les composants, et en affectant chaque symbole d'un exposant qui indique le nombre d'atomes de cet élément qui entre dans la molécule du composé.

Les corps composés se divisent : 1° D'après le *nombre* de leurs éléments en *binaires, ternaires* ou *quaternaires.* 2° D'après leurs fonctions chimiques en *acides, bases* et *sels.*

Dans les composés binaires non oxygénés, on rencontre : A) Les *hydracides,* acides résultant de la combinaison de l'hydrogène avec un autre corps simple. Le nom se forme du mot *acide* suivi du nom de l'élément et de la terminaison *hydrique.* Sa formule commence par le symbole de l'hydrogène.

B) Les composés en *ure,* c'est-à-dire les composés binaires oxygénés non acides et qui contiennent un métalloïde. Leur nom commence par l'élément électro-négatif avec la terminaison *ure* et se complète par le nom de l'autre élément. Leur formule commence par le symbole du corps électro-négatif.

Les préfixes *proto, sesqui, bi, tri...* indiquent l'exposant 1, $\frac{3}{2}$, 2, 3 du corps électro-négatif.

La combinaison de plusieurs métaux s'appelle *alliage;* les alliages qui contiennent du mercure prennent le nom d'*amalgame.*

Les composés binaires oxygénés forment : les *anhydrides,* qui se combinent à l'eau pour donner des acides; et les *oxydes,* qui n'engendrent pas d'acides en se combinant avec l'eau.

Si l'élément combiné avec l'oxygène forme un seul anhydride, le nom de celui-ci se compose du mot anhydride suivi du nom de l'élément, en général un métalloïde, et de la terminaison *ique.* Si le métalloïde forme deux anhydrides, le nom du moins oxygéné se termine en *eux,* et celui de l'autre en *ique.*

Si le métalloïde forme plus de deux anhydrides, on distingue le moins oxygéné par le préfixe *hypo,* et le plus oxygéné par le préfixe *hyper* ou *per.*

La formule des anhydrides commence par le symbole du métalloïde et se termine par celui de l'oxygène.

Trois cas peuvent se présenter pour les oxydes :

1° Si l'élément considéré ne forme qu'un seul oxyde, le nom de celui-ci se compose du mot oxyde suivi du nom de l'élément. La formule commence par le symbole de cet élément et se termine par celui de l'oxygène.

2° Si l'élément forme deux oxydes, le nom du moins oxygéné se termine en *eux,* et celui de l'autre en *ique.*

3° Si l'élément donne plus de deux oxydes, on fait précéder le mot oxyde des préfixes *proto, sesqui, bi, tri...* qui indiquent les exposants de l'oxygène 1, $\frac{3}{2}$, 2, 3.

Les composés ternaires forment : 1° Les *oxacides,* qui résultent de la combinaison des anhydrides avec l'eau. Le nom se compose du mot *acide* suivi du nom de l'anhydride qui lui donne naissance Leur formule commence par celle de l'anhydride modifiée et se termine par le symbole de l'hydrogène.

2° Les *hydrates,* résultant de la combinaison des oxydes métalliques avec l'eau. On les nomme par le mot *hydrate* suivi du nom du métal. Leur formule commence par celle de l'oxyde modifiée et se termine par le symbole de l'hydrogène.

3° Les *sels,* résultant de la substitution d'un métal à l'hydrogène remplaçable d'un acide. Si une partie seulement de l'hydrogène a été remplacée par un métal, on a un *sel acide;* si tout l'hydrogène est remplacé, on a un *sel neutre.*

Le nom du sel se forme au moyen du nom de l'acide correspondant : on change *eux* en *ite, ique* en *ate;* on ajoute le mot *acide* ou le mot *neutre,* et l'on termine par le nom du métal. La formule des sels s'obtient en remplaçant le symbole de l'hydrogène enlevé par celui du métal substitué.

Les acides qui ne renferment qu'un atome d'hydrogène remplaçable sont *monobasiques.* Les acides sont *bibasiques* ou *tribasiques,* suivant qu'ils contiennent 2 ou 3 atomes d'hydrogène remplaçables.

Les *oxacides* sont des acides oxygénés; ils donnent naissance aux sels oxygénés. Les *hydracides* ou acides qui ne contiennent pas d'oxygène engendrent les sels dits haloïdes.

CHAPITRE X

SOUFRE ET SES COMPOSÉS

§ I. — Soufre, $S = 32$.

87. État naturel. — Le soufre existe, à l'état natif, au voisinage des volcans (*solfatares*), et à l'état de combinaisons, dont les principales sont des sulfures (sulfures de fer, d'antimoine, de plomb, etc.). Certains corps organiques en renferment (jaune d'œuf, moutarde, oignons, etc.).

88. Extraction. — Le soufre se retire des terrains volcaniques, qui le renferment à l'état natif. On le sépare des matières terreuses, auxquelles il est mélangé, par simple *fusion* du minerai disposé en meules (*calcaroni*) analogues à celles que l'on construit dans la fabrication du charbon de bois, ou par *distillation* dans des vases en terre (fig. 37). Dans le premier procédé, une partie du soufre passe par combustion à l'état de gaz sulfureux; l'autre partie fond et s'accumule sur l'aire de la meule.

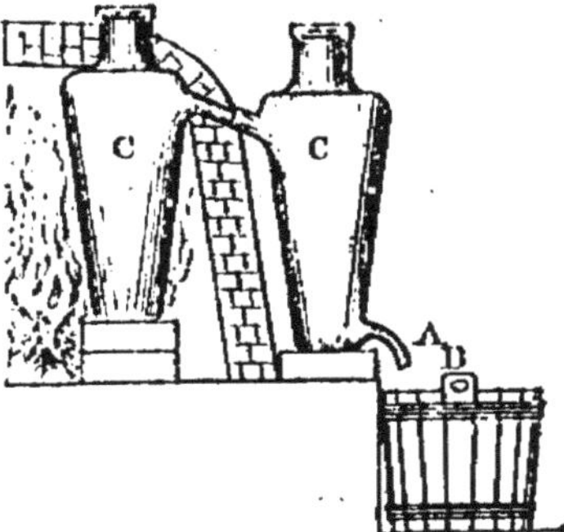

Fig. 37. — Extraction du soufre par distillation.

Le soufre, réduit en vapeur dans le récipient de gauche, se condense dans le récipient de droite, et, par le tube A, tombe dans le baquet B contenant de l'eau.

89. Raffinage. — Le *raffinage* du soufre consiste à

Fig. 38. — Raffinage du soufre.

A, réservoir contenant le soufre brut en fusion, lequel s'écoule par le tube r dans le cylindre P, où la chaleur du foyer E le réduit en vapeur; B, chambre à condensation; C, registre qui permet d'arrêter l'arrivée de la vapeur de soufre; S, soupape; t, tringle servant à donner issue au soufre fondu; H, moule pour le coulage du soufre en canon.

faire arriver sa vapeur dans une chambre en maçonnerie (fig. 38). Les premières vapeurs se subliment à l'état de fine poussière ; c'est la *fleur de soufre*. Quand les parois sont échauffées au delà de 113°, le soufre se condense à l'état liquide, on le recueille et on le coule dans des moules coniques ; c'est le *soufre en canon*.

90. Propriétés physiques. — Le *soufre* est un corps solide, inodore, insoluble dans l'eau, mais soluble dans le sulfure de carbone et la benzine ; il fond vers 112°. Sa densité est 2,04 ou 2,07. Il est mauvais conducteur de la chaleur. Tenu dans la main, un morceau de soufre en canon fait entendre un crépitement particulier provenant de ruptures partielles dues à l'inégal échauffement de la masse.

Le soufre s'électrise négativement par le frottement.

Par fusion, il cristallise en longues aiguilles prismatiques ; tandis que, par voie humide, il donne des cristaux octaédriques. Le soufre est donc dimorphe [1].

91. Propriétés chimiques. — Action des métalloïdes. — Le soufre brûle dans l'oxygène ou dans l'air avec une flamme bleue en donnant de l'anhydride sulfureux (SO^2).

$$S \ + \ 2O \ = \ SO^2$$

Soufre.   Oxygène.   Anhydride
sulfureux.

Le soufre s'unit à l'hydrogène pour former l'acide sulfhydrique (H^2S), avec le carbone pour donner du sulfure de carbone (CS^2).

Action des métaux. — Les métaux qui brûlent dans l'oxygène se combinent aussi avec incandescence à la vapeur de soufre ; ils engendrent des sulfures. Si l'on mélange intimement du fer divisé et humide avec du soufre en fleur, les deux corps se combinent même à froid. C'est l'expérience du *volcan de Lémery* [2].

92. Usages. — Le soufre est employé dans la fabrication du gaz sulfureux, de l'acide sulfurique, du sulfure de carbone, de la poudre ordinaire, des allumettes ; on l'utilise

___

[1] Un corps est *dimorphe* lorsqu'il cristallise sous deux formes.

[2] LÉMERY (Nicolas), chimiste français (1645-1715). Il est le premier qui parla chimie en français.

également pour prendre des empreintes de médailles, pour combattre l'oïdium de la vigne; et on l'ordonne en médecine, sous forme de pommade, contre certaines maladies de la peau.

§ II. — Anhydride sulfureux, $SO^2 = 64$.

93. Préparations. — I. **Par le mercure ou le cuivre et l'acide sulfurique.** — On chauffe légèrement le mélange dans un ballon, et on recueille le gaz sur le mercure (fig. 39).

Fig. 39. — Disposition de l'appareil où l'on prépare du gaz sulfureux.
A, ballon renfermant l'acide sulfurique et le cuivre; B, éprouvette à dessécher les gaz; c, éprouvette dans laquelle on recueille le gaz; D, cuve à mercure.

Le cuivre, en présence de l'acide sulfurique, forme du sulfate de cuivre, et le gaz sulfureux est mis en liberté.

$$Cu + 2SO^4H^2 = SO^2 + SO^4Cu + 2H^2O$$

Cuivre. Acide sulfurique. Anhydride sulfureux. Sulfate de cuivre. Eau.

Préparation de l'anhydride liquide. — Quand on veut obtenir de l'anhydride sulfureux liquide, on fait arriver le gaz desséché dans un ballon entouré d'un mélange réfrigérant (fig. 40).

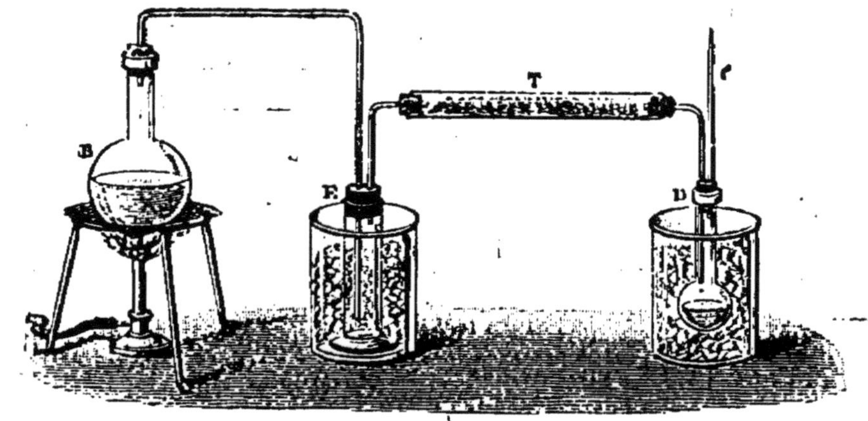

Fig. 40. — Liquéfaction du gaz sulfureux.

B, ballon où se produit le gaz; E, éprouvette où se condense la vapeur d'eau; T, tube à dessécher le gaz; D, ballon où le gaz se liquéfie; e, tube laissant échapper le gaz en excès.

II. Préparation du gaz sulfureux par le grillage des pyrites de fer :

$$2(FeS^2) + 11O = Fe^2O^3 + 4SO^2$$

Pyrite. Oxygène. Oxyde ferrique. Gaz sulfureux.

III. Préparation de la dissolution, par le carbone et l'acide sulfurique. — La réaction est la suivante :

$$C + 2SO^4H^2 = CO^2 + 2SO^2 + 2H^2O$$

Carbone. Acide sulfurique. Gaz carbonique. Anhydride sulfureux. Eau.

L'appareil se compose d'un ballon générateur. Les gaz qui se dégagent passent ensuite dans une série de flacons aux deux tiers remplis d'eau froide, dans laquelle le gaz sulfureux se dissout. L'anhydride carbonique, en raison de sa faible solubilité, ne nuit pas aux propriétés de l'anhydride sulfureux.

IV. Par le soufre et l'acide sulfurique. — On l'obtient, en grande quantité, en faisant agir à chaud l'acide sulfurique sur le soufre :

$$S + 2SO^4H^2 = 3SO^2 + 2H^2O$$

Soufre. Acide sulfurique. Anhydride sulfureux. Eau.

94. Propriétés physiques. — *L'anhydride sulfureux* est un gaz incolore, d'une odeur suffocante provoquant la toux très dangereux à respirer. Sa densité est 2,23 ; l'eau en dissout cinquante fois son volume à la température ordinaire. Il se liquéfie à — 10°, sous la pression atmosphérique. On obtient un liquide incolore, qui s'évapore en absorbant une grande quantité de chaleur, ce qui le fait employer comme réfrigérant.

Ainsi, pour solidifier le mercure, on introduit le tube **A**, contenant ce métal liquide, dans une éprouvette **B** renfermant de l'anhydride sulfureux liquide (fig. 41). A l'aide d'un soufflet et du tube **C**, on fait

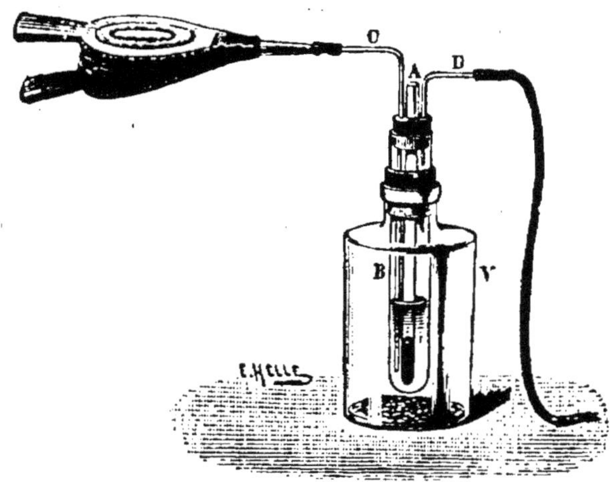

Fig. 41. — Solidification du mercure.

passer un courant d'air dans l'anhydride sulfureux, qui se vaporise et se dégage par le tube **D**, en produisant du froid. Le mercure se prend à l'état solide.

95. Propriétés chimiques. — Action de l'oxygène. — L'anhydride sulfureux n'entretient ni la respiration ni la combustion.

En présence de l'eau, il se combine avec l'oxygène pour former de l'acide sulfurique :

$$SO^2 + H^2O + O = SO^4H^2$$

Anhydride sulfureux.   Eau.   Oxygène.   Acide sulfurique.

Aussi pour conserver bien pure une dissolution de gaz sulfureux, faut-il se servir d'eau privée d'air par ébullition.

et maintenir la dissolution dans un flacon plein et bouché hermétiquement.

L'affinité de l'anhydride sulfureux pour l'oxygène explique comment il réduit les corps oxygénés peu stables et décolore les tissus.

Action de l'acide azotique. — Mis en présence de l'acide azotique, il lui enlève de l'oxygène et produit de l'acide sulfurique :

$$SO^2 \quad + \quad 2Az O^3 H \quad = \quad SO^4 H^2 \quad + \quad 2Az O^2$$

Anhydride sulfureux.   Acide azotique.   Acide sulfurique.   Peroxyde d'azote.

96. **Usages.** — L'anhydride sulfureux est employé dans la fabrication de l'acide sulfurique, pour le blanchiment de la soie et de la laine, pour éteindre les feux de cheminée, pour détruire les moisissures des tonneaux (mèches soufrées), pour assainir les milieux infects (cales des navires, lazarets), pour combattre l'*acarus* de la gale, pour désinfecter les objets à l'usage des malades atteints d'affections contagieuses. Dans presque tous les cas, on le prépare sur place par combustion du soufre. — L'abaissement de température produit par l'évaporation du gaz sulfureux liquéfié est utilisé pour fabriquer de grandes quantités de glace (*procédé Pictet*).

§ III. — Acide sulfurique ordinaire, $SO^4 H^2 = 98$.

97. **Historique.** — L'acide sulfurique ordinaire était déjà connu au XIIIᵉ siècle. Albert le Grand lui donna le nom d'*huile de vitriol;* le moine Basile Valentin indiqua sa préparation, et Lavoisier en détermina la nature et la composition.

98. **État naturel.** — On le trouve libre dans les eaux de certaines rivières qui descendent du voisinage des volcans. Le Rio Vinagre, qui sort des Andes, en renferme 1ᵍʳ,34 par litre d'eau. Mais il existe surtout à l'état de sel; on le trouve combiné à la chaux (gypse, plâtre), et à la baryte (sulfate de baryum).

99. **Théorie de la préparation de l'acide sulfu-**

rique. — La préparation de l'acide sulfurique repose sur l'oxydation de l'anhydride sulfureux par l'oxygène de l'air en présence de l'eau :

$$SO^2 \quad + \quad O \quad + \quad H^2O \quad = \quad SO^4H^2$$

Anhydride sulfureux.   Oxygène.   Eau.   Acide sulfurique.

A un grand ballon, contenant un peu d'eau chaude (fig. 42), on adapte un bouchon muni de cinq tubes : trois

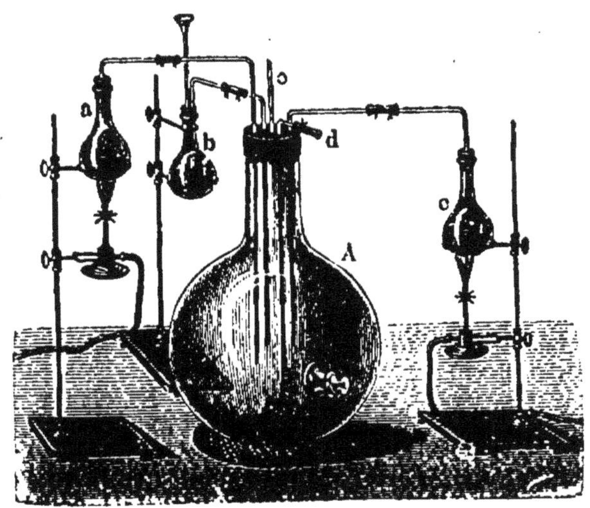

Fig. 42. — **Préparation de l'acide sulfurique.**

a, *b*, *c*, ballons dans lesquels se produisent l'acide sulfureux, l'oxyde azotique et la vapeur d'eau; *d*, tube qui amène le courant d'air; A, grand ballon où s'opèrent les réactions; *e*, tube pour la sortie des gaz en excès. L'acide sulfurique se condense dans le ballon A.

d'entre eux descendent à proximité du fond et amènent, le premier du gaz sulfureux, le second de l'oxyde azotique, le troisième un courant d'air, le quatrième de la vapeur d'eau; enfin le cinquième, peu enfoncé dans le ballon, sert à l'évacuation des gaz en excès.

L'oxyde azotique se transforme, aux dépens de l'air, en peroxyde d'azote :

$$AzO \quad + \quad O \quad = \quad AzO^2 \qquad (1)$$

Oxyde azotique.   Oxygène.   Peroxyde d'azote.

Le peroxyde forme, avec l'eau, de l'acide azotique et de l'oxyde azotique :

$$3AzO^2 \quad + \quad H^2O \quad = \quad 2AzO^3H \quad + \quad AzO \quad (2)$$

Peroxyde d'azote.   Eau.   Acide azotique.   Oxyde azotique.

L'oxyde azotique reproduit la réaction (1), tandis que l'acide azotique, en présence du gaz sulfureux, donne de l'acide sulfurique et du peroxyde d'azote :

$$2AzO^3H \quad + \quad SO^3 \quad = \quad SO^4H^2 \quad + \quad 2AzO^2 \quad (3)$$

Acide azotique.   Anhydride sulfureux.   Acide sulfurique.   Peroxyde d'azote.

Le peroxyde d'azote, sans cesse régénéré, détermine la formation d'acide azotique. Celui-ci oxyde le gaz sulfureux et le transforme en acide sulfurique ; tandis que l'acide azotique lui-même perd de l'oxygène et redevient peroxyde d'azote. Les mêmes réactions se reproduisent tant que l'on envoie dans le ballon de l'air et du gaz sulfureux.

La production d'acide sulfurique peut être mise en évidence à l'aide du chlorure de baryum ($BaCl^2$), qui forme un précipité blanc de sulfate de baryum.

Remarque. — Lorsque la vapeur d'eau devient insuffisante dans le ballon, il s'y produit des cristaux dits *cristaux des chambres de plomb*, de composition $SO^4H.AzO$ (c'est l'acide sulfurique SO^4H^2, où un atome d'hydrogène est remplacé par le groupement AzO, appelé *nitrosyle*).

Suivant les théories actuelles, la formation de l'acide sulfurique comporte deux phases :

a) Production de *sulfate acide de nitrosyle* $SO^4H.AzO$, par l'intermédiaire de l'air, du peroxyde d'azote, de l'eau et du gaz sulfureux :

$$2SO^2 \quad + \quad H^2O \quad + \quad 2AzO^2 \quad + \quad O \quad = \quad 2(SO^4H.AzO)$$

Anhydride sulfureux.   Eau.   Peroxyde d'azote.   Oxygène.   Sulfate acide de nitrosyle.

b) Décomposition de ce sulfate en anhydride azoteux et acide sulfurique par un excès d'eau :

$$2(SO^4H.AzO) \quad + \quad H^2O \quad = \quad Az^2O^3 \quad + \quad SO^4H^2$$

Sulfate acide de nitrosyle.   Eau.   Anhydride azoteux.   Acide sulfurique.

100. Préparation industrielle. — L'industrie met à profit les réactions établies ci-dessus pour la production de l'acide sulfurique. Parmi les appareils qui figurent dans cette préparation, il convient de signaler :

1. Les fours à pyrite (*fours Malétra*);

2. La tour de Glover;
3. Les chambres de plomb;
4. La tour de Gay-Lussac;
5. Les bassines à concentration.

Fours à pyrite. — La substance destinée à fournir l'anhydride sulfureux est la pyrite FeS^2. Elle est placée sur des tables ou soles disposées *en chicane* (*s, s*, fig. 43), après quoi on l'allume : il se forme du gaz sulfureux, qui se rend au bas de la *tour de Glover*. Lorsque la combustion est assez avancée, on fait descendre la pyrite d'une sole à l'autre, et on la remplace par de la pyrite neuve. Le résidu rouge, recueilli dans le cendrier, est composé d'environ 90% de sesquioxyde de fer.

Tour de Glover. — Cette tour a un triple effet :
1° Concentrer l'acide sulfurique des chambres de plomb, de 50° à 60° Baumé;
2° Refroidir les gaz qui y circulent;
3° Enlever les produits nitreux dissous par l'acide sulfurique dans la *tour de Gay-Lussac*.

La *tour de Glover* se compose d'un bâtiment de 2 à 3 mètres de diamètre sur 10 à 15 mètres de hauteur (fig. 43, à gauche). Elle est remplie de pierres siliceuses, et ses parois sont recouvertes de feuilles de plomb. L'acide sulfurique, qui vient des chambres de plomb et de la *tour de Gay-Lussac*, tombe en pluie fine d'un réservoir disposé au sommet de l'édifice; l'acide arrive au bas, concentré à 60° B., tandis que le gaz sulfureux, provenant des fours à pyrite, se rend dans la première chambre, chargé de vapeur d'eau et de produits nitreux qu'il a enlevés à l'acide sulfurique qui tombe.

Chambres de plomb. — Ces chambres, au nombre de trois (*c, c', c''*, fig. 43), sont d'un volume total de 5 à 6000 m.c.; elles sont tapissées intérieurement de feuilles de plomb soudées. Elles reposent sur des cuvettes de même métal, où se dépose l'acide sulfurique formé; de cette façon, la fermeture est parfaite. Elles communiquent entre elles par des ouvertures et reçoivent plusieurs jets de vapeur d'eau; la dernière seule, dite *chambre de condensation,* n'en reçoit pas. C'est dans les deux premières chambres que se forme la plus grande partie de l'acide qui sera concentré dans la *tour de Glover*.

Tour de Gay-Lussac. — Les produits gazeux qui échappent aux réactions et à la condensation se rendent dans une tour remplie de coke et revêtue également de feuilles de plomb : c'est la *tour de Gay-Lussac* (L, fig. 43). De l'acide sulfurique à 62° B. coule à la partie supérieure, et, après s'être chargé des composés nitreux entraînés, se rend au sommet de la *tour de Glover*.

Bassines de concentration. — Au sortir de la *tour de Glover*, l'acide sulfurique marque 60° à 62° B. On l'amène au degré com mercial voulu, 66°, en le distillant dans des chaudières en platine ou dans des chaudières de fonte que l'acide concentré attaque faiblement.

101. Impuretés et purification. — L'acide sulfurique, ainsi préparé, renferme généralement trois sortes d'impuretés :

1° Du *sulfate de plomb*, provenant de l'attaque des chambres de plomb;

2° Des *produits nitreux*;

3° Des *composés arsenicaux*, résultant du grillage des pyrites plus ou moins arsenicales.

Le sel de plomb est précipité par l'acide sulfhydrique, à l'état de sulfure de plomb insoluble.

Les produits nitreux sont éliminés, en chauffant l'acide sulfurique avec 1 à 3 décigrammes de sulfate d'ammonium par 100 kilogr. d'acide.

La distillation de l'acide sulfurique, avec un peu de bichromate de potassium, le débarrasse de l'arsenic.

102. Propriétés physiques. — *L'acide sulfurique ordinaire* est un liquide incolore, inodore, de consistance sirupeuse; sa densité est 1,842. Il se congèle à — 34° et bout à 338°.

103. Propriétés chimiques. — **Action de la chaleur.** — Au rouge vif l'acide sulfurique se décompose en gaz sulfureux, vapeur d'eau et oxygène.

Action de l'eau. — L'acide sulfurique ordinaire est un acide énergique très avide d'eau, ce qui le fait employer pour dessécher les gaz. Le mélange de quatre parties d'acide et d'une partie d'eau est accompagné d'une contraction et d'une élévation de température d'environ 100°. Il détruit les matières organiques (liège, linge, peau, etc.) en leur enlevant, soit l'eau, soit les éléments de ce liquide, qu'elles renferment dans leurs tissus.

Action des métalloïdes. — Les réducteurs comme le *soufre*, le *carbone*, l'*hydrogène*, etc., le décomposent.

Avec le *soufre*, il se produit du gaz sulfureux et de l'eau.

Avec le *carbone*, on obtient du gaz carbonique, du gaz sulfureux et de l'eau.

L'action de l'*hydrogène* varie avec les conditions dans lesquelles on opère. Il se produit du gaz sulfureux, ou du soufre, ou de l'acide sulfhydrique, suivant que l'acide sulfurique ou l'hydrogène est en excès.

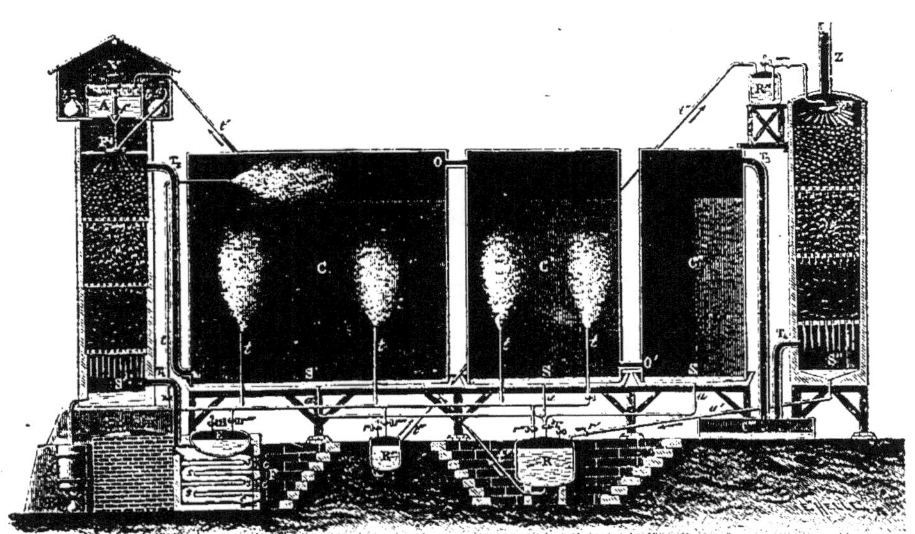

Fig. 43. — Préparation industrielle de l'acide sulfurique.

Action des métaux. — L'acide sulfurique attaque tous les métaux, excepté l'or et le platine. Le plomb n'est attaqué que par l'acide concentré et à la température de l'ébullition.

104. **Usages.** — Les usages de l'acide sulfurique sont si nombreux, qu'on a pu calculer la richesse industrielle d'une contrée par la quantité de cet acide qui s'y consomme. Il sert dans la préparation de la plupart des acides minéraux et organiques : acides azotique, sulfureux, acétique, tartrique, etc.; dans celle d'un grand nombre de sulfates (sulfates de fer, de cuivre, etc.); dans la fabrication des bougies stéariques, des éthers, du phosphore, des superphosphates, etc.

En réagissant sur le chlorure de sodium, l'acide sulfurique donne, outre l'acide chlorhydrique, le sulfate de sodium qu'on emploie pour la fabrication du carbonate de sodium. Celui-ci, à son tour, sert à la fabrication du savon, du verre à vitre, etc. Étendu d'eau, l'acide sulfurique est utilisé dans le montage des piles.

§ IV. — Acide sulfurique fumant ou de Nordhausen, $S^2O^7H^2 = 178$.

105. **Préparation.** — L'acide fumant peut être considéré comme un mélange d'anhydride sulfurique (SO^3) et d'acide sulfurique ordinaire (SO^4H^2).

Pour préparer cet acide, on transforme par grillage le sulfate ferreux en sulfate ferrique ($SO^4)^3Fe^2$. Ce sulfate ferrique, séparé par le lavage des produits avec lesquels il est mélangé, est ensuite introduit dans des cornues en grès rangées sur deux lignes dans un fourneau de galère. Chaque cornue communique avec une autre semblable, placée à l'extérieur et contenant de l'acide sulfurique. L'anhydride sulfurique se dégage et va se condenser dans des récipients extérieurs pour former le composé $S^2O^7H^2$, acide sulfurique fumant.

87. **Propriétés.** — L'acide de Nordhausen est un liquide oléagineux, légèrement coloré en brun, répandant à l'air d'abondantes fumées. Il se décompose par la chaleur en anhydride sulfurique SO^3 et en acide sulfurique ordinaire.

Cet acide est employé pour dissoudre les matières colorantes, comme l'*alizarine*, substance rouge; l'*indigo*, matière bleue, etc.

§ V. — Acide sulfhydrique ou hydrogène sulfuré, $H^2S = 34$.

106. État naturel. — L'*acide sulfhydrique* se dégage spontanément de certaines eaux minérales (eaux sulfureuses). Il se forme dans la décomposition des matières végétales et animales qui renferment du soufre (œufs, vase des marais, fosses d'aisances).

107. Préparation. — **Par un sulfure et l'acide sulfurique ou l'acide chlorhydrique.** — On fait agir à froid les acides sulfurique ou chlorhydrique sur le sulfure de fer artificiel ; il se forme du sulfate ferreux ou du chlorure ferreux avec dégagement de gaz sulfhydrique que l'on recueille sur la cuve à mercure :

$$FeS + SO^4H^2 = SO^4Fe + H^2S$$

Sulfure de fer.   Acide sulfurique.   Sulfate de fer.   Acide sulfhydrique.

$$FeS + 2HCl = FeCl^2 + H^2S$$

Sulfure de fer.   Acide chlorhydrique.   Chlorure ferreux.   Acide sulfhydrique.

Le gaz obtenu contient toujours un peu d'hydrogène provenant de l'action des acides employés, sur le fer libre mêlé au sulfure.

Avec le sulfure naturel d'antimoine (Sb^2S^3) et l'acide chlorhydrique à chaud, on obtient du chlorure d'antimoine ($SbCl^3$) et de l'acide sulfhydrique pur :

$$Sb^2S^3 + 6HCl = 2SbCl^3 + 3H^2S$$

Sulfure d'antimoine.   Acide chlorhydrique.   Chlorure d'antimoine.   Acide sulfhydrique.

108. Propriétés physiques. — L'acide sulfhydrique est un gaz incolore, d'une odeur fétide rappelant celle des œufs pourris, l'eau en dissout de 3 à 4 fois son volume à la température ordinaire. Sa densité est 1,19. A 0° et à la pression de 76ᶜᵐ, un litre de ce gaz pèse 1ᵍʳ,52.

109. Propriétés chimiques. — **Action de l'oxygène.** —

Il brûle avec une flamme bleue, en produisant de l'eau et de l'anhydride sulfureux :

$$H^2S + 3O = H^2O + SO^2$$

Acide sulfhydrique.   Oxygène.   Eau.   Anhydride sulfureux.

Il forme, avec 3 volumes d'oxygène, un mélange qui détone à l'approche d'une bougie.

En présence des corps poreux, il se produit de l'acide sulfurique :

$$H^2S + O^4 = SO^4H^2$$

Acide sulfhydrique.   Oxygène.   Acide sulfurique.

Si l'oxygène n'est pas en quantité suffisante, il se produit de l'eau, et le soufre se dépose, comme il est facile de le constater, en enflam-

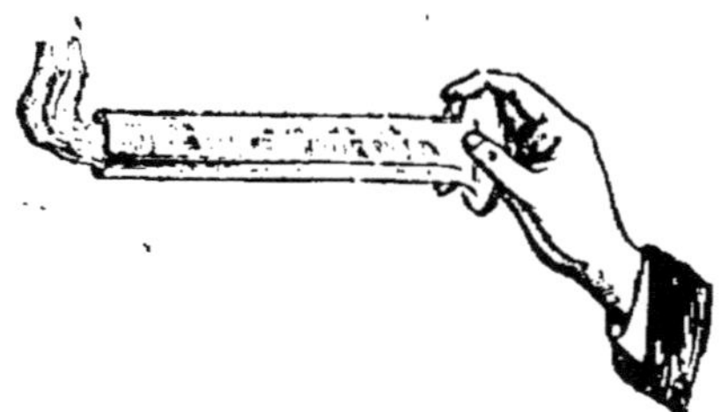

Fig. 44.

Combustion de l'acide sulfhydrique.

mant l'acide sulfhydrique contenu dans une éprouvette étroite (fig. 44).

$$H^2S + O = H^2O + S$$

Acide sulfhydrique.   Oxygène.   Eau.   Soufre.

Action du chlore. — Le chlore le décompose en soufre et en acide chlorhydrique :

$$H^2S + 2Cl = 2HCl + S$$

Acide sulfhydrique.   Chlore.   Acide chlorhydrique.   Soufre.

Cette propriété est utilisée pour combattre l'empoisonnement par l'acide sulfhydrique : on fait respirer à très petite dose le chlore obtenu en humectant avec du vinaigre un linge contenant du chlorure de chaux.

Action des métaux. — Presque tous les métaux le décomposent, mettent l'hydrogène en liberté et se combinent avec le soufre pour former des sulfures. La chaleur ou l'humidité favorisent cette réaction. Ainsi, l'argent, le plomb, le cuivre, l'étain, se recouvrent, en présence du gaz sulfhydrique, d'une couche noire de sulfure métallique.

Action des sels. — L'acide sulfhydrique donne avec la plupart des sels métalliques des sulfures dont la coloration caractérise la nature du métal. Ainsi le sulfure de cadmium est jaune, le cinabre ou sulfure de mercure est rouge, etc.

Action physiologique. — Ce gaz est *un poison violent* : mêlé à l'air dans la proportion de $\frac{1}{300}$, il peut asphyxier un homme ou un animal de grande taille. Heureusement son odeur fétide avertit de sa présence. Lorsqu'il se dégage subitement et en abondance, comme cela peut arriver lorsqu'on ouvre une fosse d'aisances, son action est instantanée, et il peut déterminer l'asphyxie en quelques instants ; l'intoxication est désignée par les vidangeurs sous le nom de *plomb*.

110. Usages. — L'acide sulfhydrique est employé à l'état gazeux ou en dissolution, dans l'analyse chimique. C'est à l'acide sulfhydrique que certaines eaux minérales (Barèges, Eaux-Bonnes, etc.) doivent les propriétés qui les font employer, soit en bains, soit à l'intérieur, pour les affections de la gorge.

RÉSUMÉ

Le **soufre** est un corps solide, jaune, inodore, insoluble dans l'eau, soluble dans le sulfure de carbone et la benzine. Sa densité varie entre 2,01 et 2,07. Il est mauvais conducteur de la chaleur et de l'électricité.

Il cristallise en aiguilles prismatiques ou en octaèdres ; il brûle dans l'oxygène ou dans l'air avec une flamme bleue, en donnant de l'anhydride sulfureux. Il se combine avec l'hydrogène, le carbone, les métaux, pour former, suivant le cas, de l'acide sulfhydrique, du sulfure de carbone, des sulfures métalliques.

Le soufre s'extrait, soit par le procédé des calcaroni, soit par la distillation, des terrains volcaniques qui le contiennent à l'état natif. Le soufre brut obtenu est ensuite *raffiné* et fournit le *soufre en fleur* ou le *soufre en canon*. Ces deux variétés sont utilisées par l'industrie, l'agriculture et la médecine.

L'anhydride sulfureux est un gaz incolore, d'une odeur suffocante, de densité 2,23; il est très soluble dans l'eau, et se transforme à — 10°, sous la pression de 76^{cm}, en un liquide incolore, dont l'évaporation est utilisée pour produire du froid.

On obtient le gaz sulfureux dans l'action du cuivre, du carbone ou du soufre sur l'acide sulfurique à chaud. Pour avoir la dissolution, on recueille le gaz dans de l'eau froide, qui a été préalablement purgée d'air par ébullition.

L'affinité du gaz pour l'oxygène est utilisée par l'industrie et la médecine.

L'acide sulfurique est un liquide incolore, de consistance oléagineuse, inodore, de densité 1,84.

Il est très avide d'eau, propriété utilisée pour dessécher les gaz; il attaque tous les métaux, sauf l'or et le platine. Au rouge vif, il se décompose en anhydride sulfureux, oxygène et vapeur d'eau.

La préparation de l'acide sulfurique repose sur l'oxydation du gaz sulfureux par l'oxygène de l'air en présence de l'eau.

Cette oxydation se fait par l'intermédiaire des composés oxygénés de l'azote, dans les chambres de plomb. Le liquide obtenu est ensuite concentré, d'abord dans la tour de Glover, puis dans des bassines de concentration.

Les usages de l'acide sulfurique sont si nombreux, qu'on a pu calculer la richesse industrielle d'une contrée par la quantité de cet acide qui s'y consomme; il sert à préparer la plupart des acides, un grand nombre de sulfates, le phosphore, etc.

L'hydrogène sulfuré est un gaz incolore, d'une odeur fétide, assez soluble dans l'eau; sa densité est 1,19. Il brûle avec une flamme bleue, en donnant de l'eau et de l'anhydride sulfureux. C'est un poison violent. Le chlore lui enlève son hydrogène. La plupart des métaux donnent, avec l'hydrogène sulfuré, des sulfures dont la couleur est caractéristique du métal.

L'acide sulfhydrique se forme dans la décomposition des matières végétales ou animales. On le prépare dans les laboratoires par l'action d'un sulfure métallique sur l'acide sulfurique ou l'acide chlorhydrique.

Pour avoir la dissolution, on reçoit le gaz dans l'eau. Certaines eaux naturelles lui doivent leurs propriétés.

CHAPITRE XI

COMPOSÉS OXYGÉNÉS DE L'AZOTE

111. Principales combinaisons. — L'azote forme avec l'oxygène cinq composés principaux, qui sont :

1º Le protoxyde d'azote ou oxyde azoteux, Az^2O ;
2º Le bioxyde d'azote, oxyde azotique ou nitrosyle, AzO ;
3º L'anhydride azoteux, Az^2O^3 ;
4º Le peroxyde d'azote, AzO^2 ;
5º L'anhydride azotique, Az^2O^5.

Au contact de l'eau, les anhydrides azoteux et azotique donnent les acides azoteux (AzO^2H) et azotique (AzO^3H).

L'azote forme, avec l'hydrogène, un composé gazeux qui est l'ammoniaque.

§ I. — Oxyde azoteux, $Az^2O = 44$.

112. Préparation. — Par l'azotate d'ammonium ($AzO^3.AzH^4$). — On chauffe doucement de l'azotate d'ammonium ($AzO^3.AzH^4$) dans un

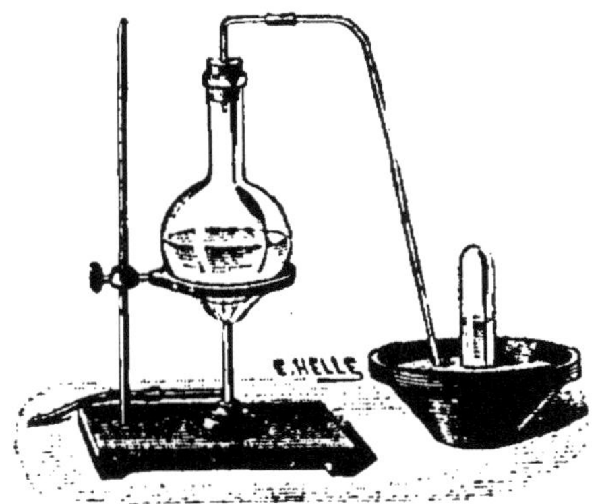

Fig. 45. — Préparation du protoxyde d'azote.

ballon de verre (fig. 45); le sel se décompose au-dessous de 240º en oxyde azoteux et en eau :

$$AzO^3AzH^4 = Az^2O + 2H^2O$$

Azotate Oxyde Eau.
d'ammonium azoteux.

113. Propriétés physiques. — L'oxyde azoteux ou *protoxyde d'azote* est un gaz incolore, inodore, d'une saveur légèrement sucrée. Un litre d'eau en dissout un demi-litre à la température ordinaire; l'alcool en dissout quatre fois son volume. Sa densité est 1,527.

114. Propriétés chimiques. — Le protoxyde d'azote est décomposable par la chaleur en azote et en oxygène. Un corps en ignition introduit dans un flacon rempli de ce gaz y brûle avec énergie, sous l'action de l'oxygène mis en liberté par la chaleur.

$$Az^2O \quad = \quad 2Az \quad + \quad O$$

Oxyde azoteux.   Azote.   Oxygène.

La combustion est alors plus active que dans l'air, parce que la proportion d'oxygène y est plus forte. Une allumette encore incandescente se rallume dans le protoxyde d'azote; le charbon, le phosphore, le soufre, y brûlent avec éclat. On le distingue de l'oxygène en ce que l'oxyde azotique ne s'y transforme pas en vapeurs rouges de peroxyde. Il n'entretient pas les combustions lentes ni la respiration des animaux.

115. Usages. — Le protoxyde d'azote est parfois employé comme anesthésique, c'est-à-dire pour produire la suppression momentanée de la sensibilité; mais il doit être exempt d'oxyde azotique. Son inhalation produit une sorte d'ivresse gaie, qui lui a fait donner le nom de *gaz hilarant*.

§ II. — Oxyde azotique, $AzO = 30$.

116. Préparation. — **Par le cuivre et l'acide azotique.** — Dans un flacon, semblable à celui qui sert à la préparation de l'hydrogène, on introduit de l'eau et de la tournure de cuivre; puis, par le tube à entonnoir, on verse peu à peu de l'acide azotique; il se forme de l'oxyde azotique, de l'eau et de l'azotate de cuivre:

$$8AzO^3H \quad + \quad 3Cu \quad = \quad 2AzO \quad + \quad 4H^2O \quad + \quad 3[(AzO^3)^2Cu]$$

Acide azotique.   Cuivre.   Oxyde azotique.   Eau.   Azotate de cuivre.

On peut substituer au cuivre, l'argent ou le mercure. Au commencement de l'expérience, des fumées rougeâtres, dues à la transformation des premières bulles de bioxyde au contact de l'oxygène de l'air renfermé dans le flacon, apparaissent dans l'appareil, puis se dissolvent dans l'eau. Le bioxyde commence à se dégager quand tout l'oxygène a disparu. Les premières bulles que l'on recueille contiennent un mélange de bioxyde d'azote et d'azote provenant de l'air du flacon.

117. Propriétés physiques. — L'**oxyde azotique**, ou *bioxyde d'azote*, est un gaz incolore dont l'odeur et la saveur sont inconnues; car, en présence de l'air, il se transforme en peroxyde d'azote. Sa densité égale 1,039.

118. Propriétés chimiques. — Au contact de l'oxygène, ou simplement de l'air atmosphérique, l'oxyde azotique se transforme en peroxyde d'azote :

$$AzO \quad + \quad O \quad = \quad AzO^2$$

Oxyde azotique.   Oxygène.   Peroxyde d'azote.

La chaleur ne le décompose qu'au rouge vif en azote et en oxygène; c'est pourquoi un corps en ignition, plongé dans un flacon rempli de ce gaz, s'éteint, à moins qu'il n'ait été fortement enflammé ou qu'il ne soit, comme le phosphore ou le carbone, très avide d'oxygène.

Une dissolution de sulfate ferreux, ou vitriol vert ($FeSO^4$), l'absorbé très facilement, se colore en brun, se suroxyde et donne du sulfate ferrique [$Fe^2(SO^4)^3$]. Cette réaction permet de reconnaître la présence du bioxyde dans un mélange de gaz.

Un mélange d'oxyde azotique et de vapeurs de sulfure de carbone brûle avec une flamme éblouissante.

119. Usages. — Le bioxyde d'azote joue un rôle important, quoique intermédiaire, dans la préparation de l'acide sulfurique.

120. Peroxyde d'azote (AzO^2). — Il offre l'aspect de fumées rougeâtres (vapeurs rutilantes) facilement condensables. Il se forme toutes les fois que l'oxyde azotique se trouve au contact de l'air. C'est le composé le plus stable parmi les combinaisons oxygénées de l'azote. On le prépare en décomposant l'azotate de plomb bien sec par la chaleur :

$$(AzO^3)^2Pb \quad = \quad 2AzO^2 \quad + \quad PbO \quad + \quad O$$

Azotate de plomb.   Peroxyde d'azote.   Protoxyde de plomb.   Oxygène.

On condense les vapeurs dans une allonge entourée d'un réfrigérant. L'oxygène s'échappe par l'extrémité de cette allonge.

§ III. — Azotates.

121. Azotate de potassium (AzO^3K). — État naturel. — L'*azotate de potassium,* appelé aussi *sel de nitre* ou *salpêtre,* est abondant dans les Indes et en Égypte, où il forme des efflorescences à la surface du sol. Il se produit dans les contrées tempérées sur les murs des endroits humides, caves, écuries, et partout où se trouvent à la fois du carbonate de potassium et des matières animales-azotées en décomposition.

Extraction. — On l'extrayait autrefois des vieux plâtras, en les soumettant à des lavages méthodiques et en évaporant les eaux de lavâge.

Aujourd'hui, l'azotate de potassium s'obtient par double

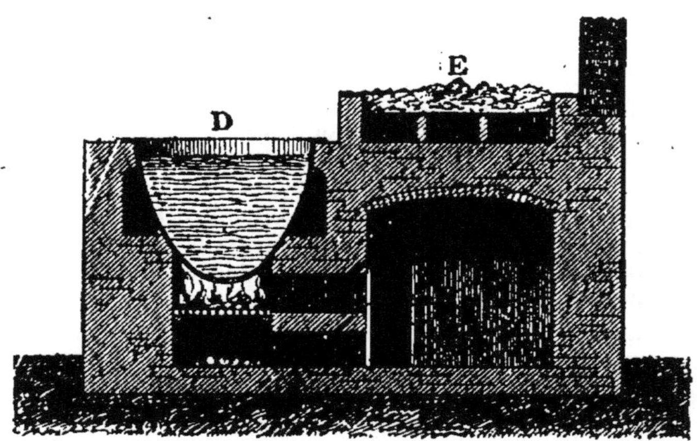

Fig. 46. — Extraction du salpêtre des vieux plâtras.
D, cuve où s'évaporent les eaux de lavage; E, salpêtre cristallisé mis à égoutter et à sécher.

décomposition, en faisant réagir le chlorure de potassium sur l'azotate de sodium ou salpêtre du Pérou.

$$KCl + AzO^3Na = NaCl + AzO^3K \qquad (1)$$

Chlorure de potassium.   Azotate de sodium.   Chlorure de sodium.   Azotate de potassium.

Propriétés. — L'azotate de potassium est un sel blanc, anhydre, d'une saveur piquante, très soluble dans l'eau.

Il abandonne facilement son oxygène, c'est donc un oxydant énergique. Projeté sur des charbons ardents, il en active la combustion. Des fragments de soufre projetés dans de l'azotate de potassium en fusion (fig. 47) s'enflamment et brûlent avec une flamme éblouissante.

On l'emploie surtout dans la fabrication de la poudre et pour la préparation de l'acide azotique.

Poudre. — La poudre est un mélange intime d'azotate de

potassium, de soufre et de charbon. Les proportions de ces corps varient avec les diverses espèces de poudre. Elles correspondent à peu près à la formule suivante :

$$3C \quad + \quad S \quad + \quad 2AzO^3K. \qquad (2)$$

Charbon.　　Soufre.　　Azotate de potassium.

Fig. 47. — Combustion du soufre sur le salpêtre.

Le mélange, réduit en poudre très fine et placé dans des mortiers, est soumis à l'action de pilons en bois pendant quatorze heures; les pilons sont avantageusement remplacés par des meules; on arrose de temps en temps cette poudre avec de l'eau pour prévenir l'inflammation. On fait en-suite passer la pâte à travers un crible appelé *guillaume*, qui détermine la grosseur des grains; la poudre est enfin portée à l'étuve pour être séchée.

Les produits de la combustion sont donnés par l'équation :

$$3C \quad + \quad S \quad + \quad 2Az^2O^3K \; = \; 3CO^2 \quad + \quad 4Az \quad + \quad K^2S \quad (3)$$

Carbone.　　Soufre.　　Salpêtre.　　Gaz carbonique.　　Azote.　　Sulfure de potassium.

122. Azotate de sodium (AzO^3Na). — L'azotate de sodium est un produit naturel très répandu; on le rencontre particulièrement au Pérou et au Chili, où il forme des gisements considérables. Au point de vue chimique, ce sel a beaucoup de ressemblance avec le salpêtre; mais, comme il est assez hygrométrique, il ne pourrait pas se substituer à l'azotate de potassium dans la fabrication de la poudre. Aussi l'industrie transforme la majeure partie de l'azotate de sodium naturel en azotate de potassium par l'action du chlorure de potassium.

La réaction est la même que celle qui est exprimée par l'équation (1) de la page 80.

§ IV. — Acide azotique ou nitrique, $AzO^3H = 63$.

123. Historique. — L'Arabe Geber (VIIIe siècle) l'obtint, pour la première fois, en chauffant un mélange d'argile et de nitre (salpêtre); il lui donna le nom d'*esprit de nitre*. Raymond Lulle (1224) l'appela *eau-forte*, à cause de la propriété qu'il a d'attaquer les métaux. Cavendish, chimiste anglais, en fit le premier l'analyse (1784), et Lavoisier le nomma *acide nitrique*.

124. État naturel. — L'acide azotique existe dans la nature sous forme d'azotates de calcium, de sodium, de potassium (salpêtre). On en trouve des traces dans l'air atmosphérique après les orages.

125. Préparation. — 1° Préparation des laboratoires. — On chauffe, dans une cornue de verre, un mélange à poids égaux d'acide sulfurique (SO^4H^2) et d'azotate de potassium ou salpêtre (AzO^3K) : on recueille dans un ballon refroidi les vapeurs d'acide azotique qui se dégagent (fig. 48).

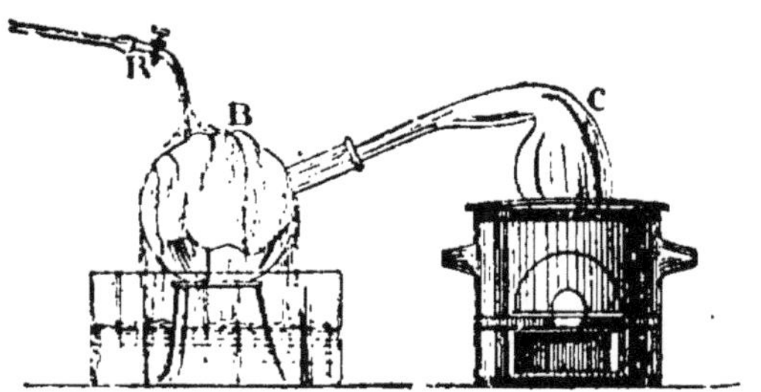

Fig. 48. — Préparation de l'acide azotique.

Le potassium du sel se substitue, atome pour atome, à l'hydrogène de l'acide sulfurique et forme du sulfate acide de potassium (SO^4KH), qui reste dans le ballon; l'acide azotique est mis en liberté.

$$AzO^3K \quad + \quad SO^4H^2 \quad = \quad AzO^3H \quad + \quad SO^4KH$$

Azotate de potassium.   Acide sulfurique.   Acide azotique.   Sulfate acide de potassium.

2° Préparation industrielle. — Dans l'industrie, on remplace l'azotate de potassium par l'azotate de sodium, qui est moins coûteux. La réaction est la même; seulement on obtient un sulfate neutre, au lieu d'un sulfate acide.

$$2(AzO^3Na) + SO^4H^2 = 2AzO^3H + SO^4Na^2$$

Azotate de sodium.   Acide sulfurique.   Acide azotique.   Sulfate de sodium.

Cette préparation exige une température plus élevée que la précédente, mais le rendement en acide est plus considérable.

126. Propriétés physiques. — L'acide azotique est un liquide incolore quand il est pur, ayant une odeur forte et une saveur extrêmement caustique. Concentré, il répand à l'air des fumées blanches (acide fumant), dangereuses à respirer. Sa densité varie de 1,42 à 1,52, suivant le degré de concentration ; de même le point d'ébullition, égal à 86° pour l'acide concentré, s'élève progressivement à 123° à mesure que la proportion d'eau augmente.

127. Propriétés chimiques. — L'acide azotique se décompose facilement par la chaleur en cédant son oxygène; aussi c'est un oxydant des plus énergiques. L'action de la lumière y détermine à la longue une décomposition partielle : il y a formation d'un peu de peroxyde d'azote qui lui communique une teinte jaunâtre.

Action des métalloïdes. — L'acide azotique transforme le carbone, le soufre, le phosphore en acides carbonique, sulfurique et phosphorique; mais il est sans action sur le chlore.

Action des métaux. — Il attaque tous les métaux, à l'exception de l'or et du platine.

L'acide concentré (monohydraté) fumant, mis en contact avec le fer, le rend *passif*, c'est-à-dire que non seulement le métal n'est pas attaqué, mais il perd la propriété d'être attaqué par l'acide ordinaire (acide azotique quadrihydraté). Le fer passif est attaqué immédiatement par l'acide étendu, si on le touche avec un fil de cuivre. D'autres métaux, le nickel et le cobalt, par exemple, se comportent comme le fer.

Action des matières organiques. — Le coton immergé dans un mélange d'acide azotique et d'acide sulfurique concentrés, puis lavé et séché, donne une matière très inflammable : le *fulmicoton* ou *coton-poudre*.

L'acide azotique détruit les matières colorantes et jaunit la soie, la laine, etc.

128. Usages. — L'acide azotique concentré est employé pour préparer la nitrobenzine, la nitroglycérine (base de la dynamite), le celluloïd, les couleurs d'aniline, le coton-poudre.

L'acide ordinaire sert à préparer les azotates d'argent, de cuivre, de mercure, etc.; à teindre en jaune la laine et la soie; à décaper les métaux, c'est-à-dire à enlever la rouille ou les oxydes qui les recouvrent; à graver sur cuivre (gravure à l'eau-forte).

Pour graver, on enduit de cire ou de vernis la surface du métal; puis, avec un stylet, on enlève le vernis suivant les traits du dessin à reproduire; on étend ensuite sur le métal une couche d'acide azotique étendu, qui n'attaque que le métal mis à nu par le stylet; on lave à l'essence de térébenthine, qui dissout la cire; on nettoie, et le dessin apparaît en creux.

RÉSUMÉ

Le salpêtre ou *azotate de potassium* est abondant dans les Indes et en Égypte, où il forme des efflorescences à la surface du sol; il se produit sur les murs des endroits humides.

Extrait autrefois des vieux plâtras, ce sel est préparé aujourd'hui par double décomposition entre le chlorure de potassium et l'azotate de sodium.

C'est un sel blanc, d'une saveur piquante, très soluble dans l'eau, abandonnant facilement son oxygène. Des fragments de soufre, projetés dans du salpêtre fondu, s'enflamment avec vivacité.

Si l'on mélange en proportions convenables du salpêtre, du soufre et du charbon pulvérisés, on obtient la poudre.

L'azotate de sodium est un produit naturel très répandu au Pérou et au Chili. C'est un sel blanc, très hygrométrique; la majeure partie est transformée industriellement en azotate de potassium.

L'acide azotique existe dans la nature à l'état d'azotate. C'est un liquide incolore, fumant à l'air, d'une odeur forte, d'une saveur caustique; sa densité varie de 1,42 à 1,52; son point d'ébullition, égal à 80° pour l'acide pur, s'élève progressivement à 123°. C'est alors l'acide quadrihydraté.

C'est un oxydant très énergique. Il attaque tous les métaux, sauf l'or et le platine. La chaleur le décompose ; il est sans action sur le chlore.

Le coton immergé dans un mélange d'acide azotique et d'acide sulfurique concentrés devient le *fulmi-coton* ou *coton-poudre.*

On prépare l'acide azotique en chauffant un mélange d'acide sulfurique et d'azotate de potassium ou de sodium.

Avec l'acide concentré l'industrie prépare la nitrobenzine, la nitroglycérine, le celluloïd. L'acide ordinaire est utilisé pour la teinture en jaune de la soie, le décapage des métaux, la gravure sur cuivre, etc.

CHAPITRE XII

LES PHOSPHATES ET LE PHOSPHORE

§ I. — Les phosphates.

129. Généralités. — Les phosphates sont les sels qui correspondent à l'acide phosphorique PO^4H^3.

Comme cet acide a trois atomes d'hydrogène remplaçables, il peut former avec un métal monovalent, comme le sodium, trois espèces de sel :

Le phosphate monosodique : PO^4H^2Na,
—   dissodique : PO^4HNa^2,
—   trisodique : PO^4Na^3.

Avec le calcium, métal bivalent, on obtient également trois sels différents (ils apparaissent dans la préparation du phosphore) :

Le phosphate monocalcique : $(PO^4)^2H^4Ca$,
—   bicalcique : $(PO^4)^2H\ Ca^2$,
—   tricalcique : $(PO^4)^2Ca^3$.

Ces trois derniers sels sont très employés en agriculture. Le plus répandu est le phosphate tricalcique ou phosphate de chaux naturel ; il forme en grande partie la matière minérale des os, c'est-à-dire les cendres des os brûlés.

130. Les phosphates en agriculture. — L'acide phosphorique est un des éléments minéraux les plus nécessaires à la nutrition des plantes. Quand une terre n'en contient pas suffisamment, on peut recourir aux engrais phosphatés, dont les principaux sont le *superphosphate*, le *noir animal*, les *scories de déphosphoration* et le *guano*.

1° Le phosphate tricalcique est assez abondant dans la nature (nodules, apatites, coprolithes, etc.); mais il est insoluble. Pour le rendre assimilable, on le traite par l'acide sulfurique :

$$(PO^4)^2Ca^3 \ + \ 2SO^4H^2 \ = \ (PO^4)^2H^4Ca \ + \ 2SO^4Ca$$

Phosphate tricalcique.   Acide sulfurique.   Phosphate monocalcique   Sulfate de calcium.
soluble.

Le sel ainsi obtenu est très employé sous le nom de *superphosphate*.

2° Le *noir animal* renferme environ 70 % de phosphate de calcium.

3° Dans la métallurgie du fer, les minerais trop riches en phosphore sont traités par la chaux : on obtient, comme résidu, des *scories* qui contiennent 7 à 18 % d'acide phosphorique.

4° Le *guano* provient des excréments des oiseaux de mer. Il est très riche en phosphate d'ammoniaque.

§ II. — Phosphore, P = 31.

131. Historique et état natu l. — Le phosphore fut découvert en 1669 par Brandt, alchimiste de Hambourg, qui le retira de l'urine. Il existe, à l'état de combinaison, dans le foie, dans le tissu nerveux, dans l'urine et surtout dans les os. On le trouve, dans la nature, à l'état de phosphates de fer et de calcium.

132. Préparation du phosphore. — On prépare aujourd'hui le phosphore par la *méthode Coignet*, qui a l'avantage de ne pas détruire l'osséine des os, et de donner tout le phosphore qu'ils contiennent. La méthode consiste 1° à traiter les os non calcinés par l'acide chlorhydrique étendu d'eau, ce qui donne du chlorure de calcium et du phosphate monocalcique :

$$(PO^4)^2Ca^3 \quad + \quad 4HCl \quad = \quad (PO^4)^2H^4Ca \quad + \quad 2CaCl^2$$

Phosphate tricalcique.   Acide chlorhydrique.   Phosphate monocalcique.   Chlorure de calcium.

tous deux solubles.

2° On ajoute un lait de chaux qui fournit du phosphate bicalcique $(PO^4)^2H^2Ca^3$, insoluble :

$$(PO^4)^2H^4Ca \quad + \quad Ca(OH)^2 \quad = \quad (PO^4)^2H^2Ca^3 \quad + \quad 2H^2O$$

Phosphate monocalcique.   Chaux.   Phosphate bicalcique.   Eau.

Le chlorure de calcium dissous est décanté, et l'on conserve le phosphate bicalcique.

3° Ce phosphate séché est traité par l'acide sulfurique étendu, qui le décompose en sulfate de calcium insoluble et acide phosphorique soluble :

$$(PO^4)^2H^2Ca^2 \quad + \quad 2SO^4H^2 \quad = \quad 2SO^4Ca \quad + \quad 2PO^4H^3$$

Phosphate bicalcique.   Acide sulfurique.   Sulfate de calcium.   Acide phosphorique.

4° On filtre pour séparer le sulfate.

5° On concentre la dissolution d'acide phosphorique jusqu'à 60° Baumé, puis on y ajoute du charbon de bois pilé, de la chaux et de la silice; il se forme une pâte qu'on dessèche, puis que l'on distille : le charbon réduit l'acide phosphorique et donne le phosphore.

$$2PO^4H^3 \quad + \quad 5C \quad = \quad 2P \quad + \quad 3H^2O \quad + \quad 5CO$$

Acide phosphorique.   Charbon.   Phosphore.   Eau.   Oxyde de carbone.

On recueille le phosphore dans une cuve remplie d'eau froide, on le coule dans des moules cylindriques, et on livre au commerce les bâtons ainsi obtenus.

133. Propriétés physiques. — Le *phosphore* est un corps assez mou pour être facilement coupé avec un couteau, répandant une odeur d'ail, transparent quand il est récemment préparé, mais devenant opaque à la surface quand on l'expose à la lumière, par suite d'une cristallisation superficielle. Il est insoluble dans l'eau, mais très soluble dans la benzine et le sulfure de carbone; sa densité est 1,84.

134. Propriétés chimiques. — Action des métalloïdes. — La plus importante des propriétés chimiques du phosphore est sa grande affinité pour l'oxygène. A la température ordinaire, l'oxydation se produit lentement. C'est grâce à cette propriété que l'oxygène d'une quantité d'air limitée disparaît peu à peu, en présence d'un bâton de phosphore.

Le phosphore est très inflammable et brûle dans l'oxygène avec un vif éclat, en produisant d'abondantes fumées blanches d'anhydride phosphorique (P^2O^5).

Il s'enflamme spontanément en présence du brome, du chlore et de l'iode. Ses brûlures sont dangereuses; c'est pourquoi il faut le manier avec précaution, et sous l'eau, autant que possible.

Phosphorescence. — La phosphorescence est la propriété du phosphore de luire dans l'obscurité; elle paraît être un phénomène de combustion lente. Les vapeurs émises par ce métalloïde se combinent peu à peu à l'oxygène de l'air. La phosphorescence ne se produit ni dans le vide barométrique ni dans les gaz inertes, comme l'hydrogène, l'azote ou le gaz carbonique.

Action sur les composés. — L'affinité du phosphore pour l'oxygène en fait un *réducteur* énergique. Il décompose avec explosion l'acide azotique fumant et, avec moins de violence, l'acide azotique ordinaire.

Un bâton de phosphore plongé dans une dissolution de sulfate de cuivre la décolore, en même temps qu'il se recouvre de cuivre métallique.

Action sur l'organisme. — Introduit dans les voies digestives, le phosphore peut occasionner des douleurs très vives, suivies assez promptement de la mort, si la dose est suffisante. C'est donc un poison violent.

Phosphore rouge. — Exposé à la lumière solaire, à l'abri de l'air, ou chauffé en vase clos, le phosphore ordinaire se transforme en *phosphore rouge*, chimiquement identique, mais doué de propriétés particulières.

Tableau comparatif des propriétés du phosphore ordinaire et du phosphore rouge.

PHOSPHORE ORDINAIRE	PHOSPHORE ROUGE
Odeur alliacée.	Inodore.
Soluble dans le sulfure de carbone.	Insoluble dans le sulfure de carbone.
Phosphorescent.	Non phosphorescent.
S'enflamme à 60°.	S'enflamme à 260°.
Vénéneux.	Non vénéneux.
Oxydable à l'air sec.	Inoxydable à l'air sec.

135. **Usages.** — Le phosphore sert à préparer une pâte employée pour détruire les animaux nuisibles. Le phosphore rouge est utilisé pour la fabrication des allumettes chimiques. Combiné au bronze en faible quantité, le phosphore donne à cet alliage une force de résistance très grande.

Le principal usage du phosphore blanc est la fabrication des allumettes.

A cet effet, du bois léger comme le pin, le peuplier ou le tremble, est coupé en petites baguettes minces, qu'on trempe d'abord dans la paraffine pour les rendre plus combustibles. Puis une des extrémités de ces baguettes est trempée dans du soufre, ce qui facilite l'inflammation du bois, et enfin dans une pâte de composition variable, renfermant généralement du *phosphore,* de la *colle forte,* du *sable fin,* du *salpêtre,* de l'*ocre* et de l'*eau.*

On remplace quelquefois le soufre, dont la combustion dégage une odeur désagréable, par l'acide stéarique. En ce cas, on ajoute à la pâte du chlorate de potassium, qui en brûlant active la combustion du phosphore et détermine l'inflammation de l'acide stéarique, corps moins combustible que le soufre.

L'inconvénient de ces allumettes est l'usage du phosphore blanc, dont l'inflammation spontanée peut occasionner des incendies ; en outre, la manipulation du phosphore est, pour les ouvriers, la cause d'une série de maladies presque toujours incurables. On obvie en partie à ce danger en utilisant des allumettes dites au phosphore rouge. Celles-ci sont enduites d'une pâte non vénéneuse formée de chlorate de potassium, de sulfure d'antimoine et de colle forte ; elles ne peuvent s'enflammer que sur un frottoir spécial enduit de phosphore rouge, de sulfure d'antimoine et de gélatine.

Bien que ces allumettes soient préférables aux premières, la fabrication du phosphore rouge présente des inconvénients tels, qu'on cherche encore aujourd'hui le moyen de fabriquer, sans danger pour l'ouvrier, des allumettes s'enflammant facilement.

RÉSUMÉ

Les **phosphates** sont les sels qui correspondent à l'acide phosphorique. Le phosphate tricalcique est très répandu dans la nature sous les noms de *nodules, apatites, coprolithes,* etc. En traitant ce corps insoluble par l'acide sulfurique, on le transforme en un sel soluble que l'agriculture emploie comme engrais sous le nom de *superphosphate*.

Le **phosphore** est un corps mou, transparent quand il est récemment préparé, mais devenant opaque à la lumière ; répandant une odeur d'ail, insoluble dans l'eau, soluble dans la benzine et le sulfure de carbone. Sa densité est 1,84.

Il est lumineux dans l'obscurité, brûle dans l'oxygène en donnant d'abondantes fumées blanches d'anhydride phosphorique. Ses brûlures sont dangereuses. Il s'enflamme spontanément dans le chlore, le brome et l'iode. Lorsque le phosphore ordinaire est chauffé en vase clos ou exposé à la lumière solaire, à l'abri de l'air, il se transforme en phosphore rouge, corps qui diffère par certaines de ses propriétés du phosphore ordinaire.

Les os traités par l'acide chlorhydrique donnent du chlorure de calcium et du phosphate monocalcique, tous deux solubles. Le phosphate est transformé, par l'addition d'un lait de chaux, en phosphate bicalcique insoluble, ce qui permet de le séparer du chlorure de calcium. Le nouveau phosphate, attaqué par l'acide sulfurique, donne de l'acide phosphorique soluble, qui est séparé du mélange par filtration, puis concentré jusqu'à 60° B. L'acide obtenu est ensuite réduit par le charbon, ce qui donne : du phosphore, de l'eau et de l'oxyde de carbone.

La fabrication des allumettes absorbe une grande partie du phosphore produit.

CHAPITRE XIII

CARBONE ET SES COMPOSÉS

§ I. — Carbone, C = 12.

136. État naturel. — Le carbone entre dans la composition de presque toutes les substances organiques. Il existe dans l'air sous forme d'anhydride carbonique ; on le trouve dans le sol à l'état libre (houille, lignite, diamant), ou à l'état de combinaisons (carbonates de chaux, de fer, etc.).

137. Propriétés physiques. — Le *carbone* est un corps simple, solide, sans odeur ni saveur, gris ou noir quand il n'est pas cristallisé, insoluble dans tous les liquides, excepté dans la fonte de fer et dans l'argent en fusion.

138. Propriétés chimiques. — Action de l'oxygène. — Le carbone est inaltérable à l'air à la température ordinaire ; mais il jouit, à une température élevée, d'une très grande affinité pour l'oxygène, avec lequel il forme deux combinaisons : *l'oxyde de carbone*

$$C + O = CO$$
Carbone.   Oxygène.   Oxyde de carbone.

qui se forme quand le carbone est en excès ou que la température est celle du rouge vif ; et *l'anhydride carbonique*

$$C + 2O = CO^2$$
Carbone.   Oxygène.   Anhydride carbonique.

qui se produit quand l'oxygène est en quantité suffisante (fig. 49).

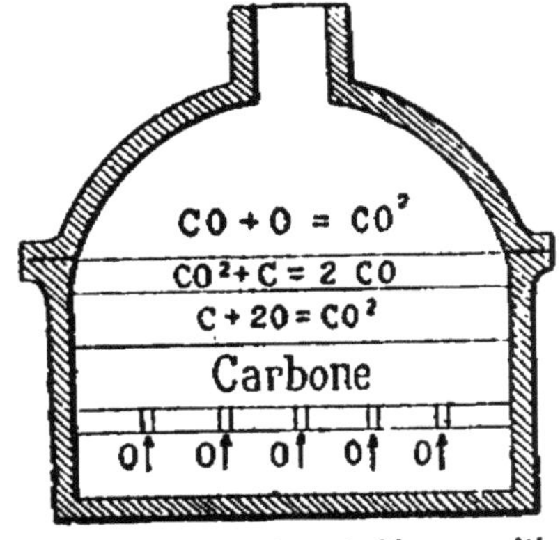

Fig. 49. — Formation et décomposition du gaz carbonique dans un foyer.

Action du soufre. — Le carbone se combine au soufre, pour donner le *sulfure de carbone :*

$$C + S^2 = CS^2$$

Carbone.   Soufre.   Sulfure
de carbone,

Action de l'hydrogène. — Il forme avec l'hydrogène de nombreux composés, connus sous le nom général de *carbures d'hydrogène.*

Action sur les composés. — L'affinité du carbone pour l'oxygène en fait un réducteur très employé dans le traitement des oxydes métalliques; par exemple, pour l'oxyde de fer ou de zinc.

Si l'on chauffe, dans un tube à essai, un mélange de charbon pulvérisé et d'*oxyde de cuivre,* il se dégage du gaz carbonique, et il reste du cuivre métallique reconnaissable à sa couleur rouge :

$$2CuO + C = CO^2 + 2Cu$$

Oxyde   Carbone.   Gaz   Cuivre.
de cuivre.   carbonique.

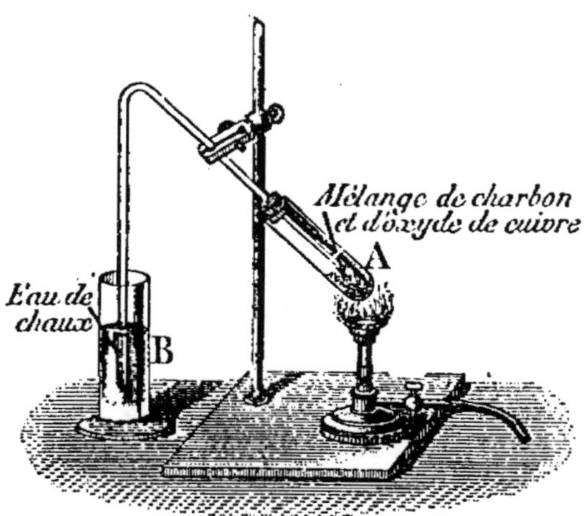

Fig. 50. — Réduction de l'oxyde de cuivre par le charbon.
Le mélange de charbon et d'oxyde de cuivre est chauffé en A, et le gaz carbonique qui se dégage est reçu dans l'eau de chaux de l'éprouvette B.

L'oxyde de zinc est réduit par le charbon à la température du rouge vif; il se produit du zinc et de l'oxyde de carbone :

$$ZnO \quad + \quad C \quad = \quad CO \quad + \quad Zn.$$

Oxyde de zinc. — Carbone. — Oxyde de carbone. — Zinc.

Action sur l'eau. — La vapeur d'eau, passant dans un tube contenant des charbons chauffés au rouge (fig. 51),

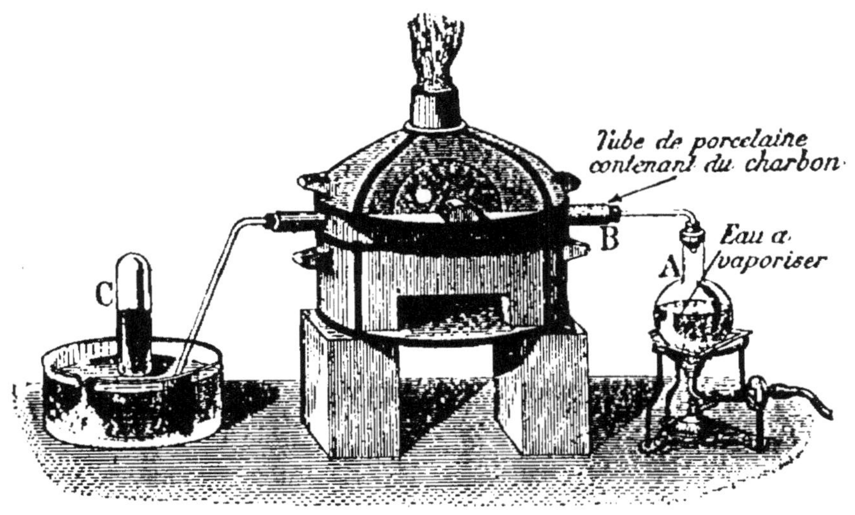

Fig. 51. — Décomposition de la vapeur d'eau par le charbon.

La vapeur produite en A passe sur des charbons chauffés dans le tube B, et les gaz obtenus sont recueillis en C.

donne, dans la région où le tube est chauffé au rouge vif, de l'oxyde de carbone et de l'hydrogène :

$$H^2O \quad + \quad C \quad = \quad CO \quad + \quad H^2$$

Eau. — Carbone. — Oxyde de carbone. — Hydrogène.

Dans les parties du tube chauffées seulement au rouge sombre, il se produit du gaz carbonique et de l'hydrogène :

$$2H^2O \quad + \quad C \quad = \quad CO^2 \quad + \quad H^2$$

Eau. — Carbone. — Gaz carbonique. — Hydrogène.

139. Charbons naturels. — Les principales variétés de charbons naturels sont : le diamant, le graphite, l'anthracite, la houille, le lignite et la tourbe.

Diamant. — Le diamant est le carbone pur cristallisé. Il est ordinairement incolore et brille d'un vif éclat nommé

Fig. 52.
Diamant taillé en brillant.

éclat adamantin. Sa densité varie de 3,5 à 3,55. Sa dureté est telle, qu'on ne peut l'user qu'avec sa propre poussière. C'est un corps très précieux. On a pu le reproduire artificiellement (*Moissan,* 1896), mais en cristaux trop petits pour être utilisés. On le taille en rose ou en brillant (fig. 52). Son poids s'évalue en carats (0 gr. 2025). On s'en sert pour couper le verre, et aussi comme parure.

Graphite. — Le graphite, nommé à tort *plombagine* ou *mine de plomb*, est un charbon qui se présente ordinairement en lames feuilletées, douces au toucher, laissant une trace grise sur le papier. On en fabrique des crayons. Comme il est bon conducteur de l'électricité, il sert en galvanoplastie pour rendre conductrices les surfaces à métalliser. Délayé dans l'huile, on l'emploie pour préserver de l'oxydation les fourneaux, les tuyaux de poêle, etc.

Anthracite. — L'anthracite, ou *charbon de pierre*, s'allume difficilement; mais, avec un bon tirage, il brûle en produisant beaucoup de chaleur.

Houille. — La houille, ou *charbon de terre*, est noire, luisante, brûle facilement en répandant d'abondantes fumées, dues aux matières bitumineuses qu'elle renferme. Ce combustible, fréquemment employé, résulte de la décomposition lente des végétaux anciens. On distingue : les houilles *grasses,* employées dans les forges et les usines à gaz; les houilles *demi-grasses,* servant à chauffer les chaudières des machines à vapeur; les houilles *maigres,* utilisées dans la cuisson des briques, des tuiles, etc.

Lignite. — Le lignite est un charbon noir, offrant la structure du bois. Il en existe une variété compacte, appelée *jayet* ou *pierre de jais,* que l'on taille pour en faire des ornements noirs : perles, boutons, etc.

Tourbe. — La tourbe est une matière combustible, spongieuse, qui brûle assez facilement. Elle résulte de la décomposition, par l'eau, des végétaux qui, comme les mousses, les sphaignes, etc., se rencontrent dans les terrains marécageux.

140. Charbons artificiels. — Les principaux charbons artificiels sont : le coke, le charbon des cornues, le charbon de bois, le noir animal et le noir de fumée.

Coke. — Le coke est le résidu de la distillation de la houille. Il est très poreux et brûle en donnant beaucoup de chaleur. Comme il a perdu par la distillation presque tous les produits gazeux que renfermait la houille, sa combustion se fait presque sans flamme et sans fumée.

Charbon des cornues. — Le charbon des cornues est du carbone presque pur, qui se dépose sur les parois des cornues qui servent à la distillation de la houille. On l'emploie comme conducteur dans les piles électriques et pour la lampe à arc.

Charbon de bois. — Le charbon de bois est le résidu de la distillation du bois ou de sa combustion incomplète à l'abri de l'air.

Pour le fabriquer, on dispose les bûches comme l'indique la figure 53 (*procédé des meules*). On recouvre le tout de

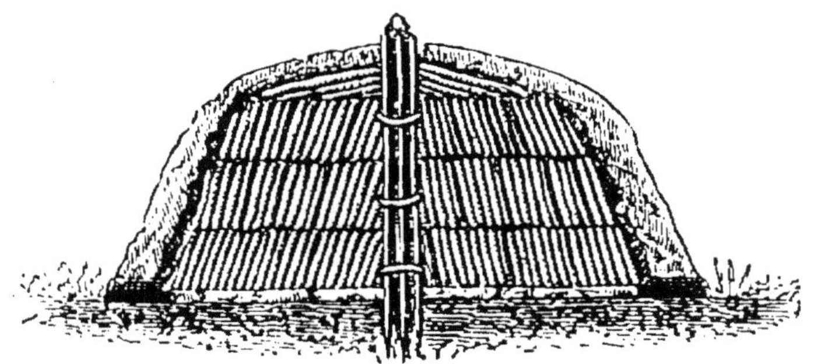

Fig. 53. — Carbonisation du bois (procédé des meules).

terre, en ménageant près du sol quelques ouvertures (*évents*) donnant accès à l'air ; puis on jette des matières embrasées dans la cheminée, et quand la combustion, se propageant peu à peu, est suffisamment avancée, on bouche les évents et on laisse refroidir.

On peut aussi le préparer par la distillation du bois dans des cornues, ce qui permet de recueillir les produits secondaires tels que goudrons, esprit de bois, etc., qui sont perdus dans la préparation par le procédé des meules. Le bois réduit en bûches est introduit dans une chaudière communiquant avec un serpentin refroidi. Tous les produits volatils se dégagent sous l'action de la chaleur et se condensent, pour la plupart, dans le serpentin. Le charbon se trouve dans la cornue à la fin de l'opération.

Le charbon est fréquemment employé comme réducteur en métallurgie. Le charbon de peuplier, de bourdaine, est utilisé pour la fabrication de la poudre. Les charbons de fusain, de noisetier, servent aux dessinateurs. La facilité avec laquelle le charbon de bois absorbe les gaz le fait employer dans la construction des filtres. On l'utilise aussi comme dentifrice.

Pouvoir absorbant. — Une propriété remarquable du

Fig. 54. — Absorption du gaz ammoniac par le charbon.

charbon de bois est son grand pouvoir absorbant pour les

gaz. Si, par exemple, on introduit un charbon incandescent sous une éprouvette pleine de gaz ammoniac et placée sur la cuve à mercure, ce charbon s'éteint, et on voit le mercure monter dans l'éprouvette par suite de l'absorption du gaz (fig. 54).

Noir animal. — Le noir animal est le résultat de la calcination des os en vase clos. L'osséine, ou substance organique des os, est décomposée en produits gazeux tels que l'oxygène et l'hydrogène qui se dégagent, et en charbon qui reste mêlé aux sels minéraux abondants dans les os. Ce charbon n'est pas combustible. On l'emploie pour décolorer les liquides, surtout dans la fabrication et le raffinage du sucre. Il sert aussi comme engrais.

Noir de fumée. — Le noir de fumée provient de la combustion de matières grasses ou résineuses. Pour l'obtenir, on fait arriver la fumée dans une chambre cylindrique, dont les parois sont tapissées par une toile; un cône en tôle, glissant de haut en bas, fait l'office de racloir et détache le noir de fumée qui s'est déposé sur la toile (fig. 54).

Le noir de fumée est employé dans la peinture, et pour la fabrication de l'encre de Chine et de l'encre d'imprimerie.

Fig. 54.

Fabrication du noir de fumée.

§ II. — Anhydride carbonique, $CO^2 = 44$.

141. Historique. — *L'anhydride carbonique* a été découvert en 1648, par Van Helmont, chimiste belge; en 1776, Lavoisier établit sa composition, et MM. Dumas et Stas en firent la synthèse exacte en 1840.

142. État naturel. — L'anhydride carbonique existe

dans l'air atmosphérique. Il se dégage abondamment des fours à chaux, des cuves renfermant des substances en fermentation, parfois des fissures du sol, etc. Comme il est plus lourd que l'air, il s'accumule facilement dans les bas-fonds (grotte du Chien, près de Naples). Il provient encore des décompositions, des combustions, de la respiration des animaux, etc. On le trouve en dissolution dans certaines eaux et en combinaison dans une foule de corps (coquilles des mollusques, marbre, craie, etc.).

143. Préparation. — Par un carbonate et un acide. —

On décompose, dans un flacon à deux tubulures, du carbonate de calcium (craie, marbre) par l'acide chlorhydrique (HCl). L'anhydride carbonique est mis en liberté, il se forme de l'eau et du chlorure de calcium ($CaCl^2$), qui reste en dissolution :

$$CO^3Ca + 2HCl = CO^2 + CaCl^2 + H^2O$$

Carbonate de calcium. — Acide chlorhydrique. — Gaz carbonique. — Chlorure de calcium. — Eau.

On pourrait remplacer l'acide chlorhydrique par l'acide sulfurique; mais, dans ce cas, il se forme du sulfate de calcium presque insoluble (plâtre), qui recouvre les morceaux de carbonate et s'oppose à l'action de l'acide sur le carbonate non décomposé.

144. Propriétés physiques. — L'anhydride carbonique est un gaz incolore, d'une odeur légèrement piquante, d'une saveur aigrelette. L'eau en dissout son volume à la température ordinaire : chargée d'anhydride carbonique, elle peut dissoudre du carbonate de calcium, qu'elle laisse ensuite déposer quand l'anhydride carbonique s'échappe au contact de l'air.

Liquéfaction. — L'anhydride carbonique se liquéfie lorsqu'on le comprime à 36 atmosphères, dans un tube entouré de glace. L'évaporation du liquide obtenu produit un froid suffisant pour solidifier une partie du liquide sous forme de neige.

Sa grande densité 1,529 permet de le verser facilement d'une éprouvette dans une autre (fig. 55).

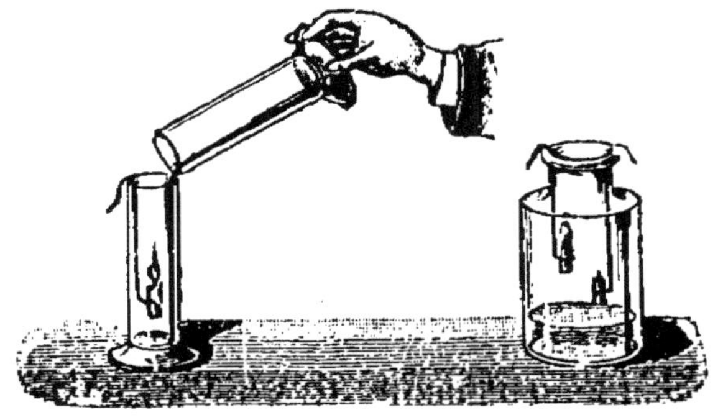

Fig. 55. — Extinction, par l'anhydride carbonique, d'une bougie allumée.

145. Propriétés chimiques. — L'anhydride carbonique n'est pas combustible; comme l'azote, il éteint les corps en combustion, et s'en distingue, en ce qu'il trouble l'eau de chaux par la formation de carbonate de calcium.

Action des réducteurs. — L'*hydrogène* et le *carbone* enlèvent de l'oxygène au gaz carbonique et le transforment en oxyde de carbone.

Avec le *potassium* ou le *sodium*, il se forme du carbonate alcalin et un dépôt de charbon.

Action sur l'organisme. — C'est un gaz impropre à la respiration. Un chien, placé dans une atmosphère contenant 10 pour 100 d'anhydride carbonique, est d'abord violemment surexcité, puis devient peu à peu insensible; si la proportion atteint 30 pour 100, il succombe rapidement.

On doit donc éviter de séjourner dans des endroits où l'anhydride carbonique peut s'accumuler. Pour reconnaître si l'air d'une cave est vicié par de l'anhydride carbonique, on y fera brûler une bougie. Si la combustion s'accomplit, on peut être sans crainte, car la combustion d'une bougie cesse dans une atmosphère contenant beaucoup moins d'anhydride carbonique qu'il n'en faut pour·la rendre dangereuse. Si la bougie s'éteint, il faut assainir l'air, soit en aérant, soit en neutralisant le gaz par de l'ammoniaque.

En se combinant avec une molécule d'eau, l'anhydride carbonique donne l'acide carbonique (CO^3H^2), qui n'a pas été isolé, mais dont on connaît nombre de sels. C'est un acide bibasique.

146. Usages. — L'eau de Seltz n'est autre chose qu'une dissolution d'anhydride carbonique dans l'eau. Pour fabriquer l'eau de Seltz en petite quantité, on mélange de l'acide tartrique et du bicarbonate de sodium, dans les proportions de 18^{gr} du premier et 21^{gr} du second corps, pour 1 litre d'eau.

La mousse, le pétillement, la saveur aigrelette des boissons gazeuses (bière, limonade, etc.), sont dus au gaz carbonique qu'elles renferment.

Dans l'industrie, l'anhydride carbonique est utilisé pour la préparation du sucre de betterave et de la céruse (carbonate de plomb).

C'est un des gaz constitutifs de l'air, qui en contient 3 ou 4 dix millièmes. Il est absolument nécessaire à la vie des plantes vertes. Les feuilles et autres organes verts décomposent le gaz carbonique, fixent le carbone dans leurs tissus et émettent de l'oxygène. Ce phénomène ne s'accomplit qu'à la lumière solaire; il est dû à l'existence dans les feuilles d'une matière complexe, la *chlorophylle*.

§ III. — Oxyde de carbone, CO = 28.

147. Historique. — *L'oxyde de carbone* a été découvert par Priestley à la fin du XVIIIe siècle. Il se produit dans la combustion du carbone; c'est lui qui donne naissance aux flammes bleues que l'on observe dans la combustion du charbon de bois.

148. Préparation. — **Par l'acide oxalique et l'acide sulfurique.** — On chauffe, dans un ballon, un mélange d'acide oxalique ($C^2H^2O^4$) et d'acide sulfurique (SO^4H^2). L'acide oxalique perd de l'eau, la cède à l'acide sulfurique, et se dédouble en oxyde de carbone (CO) et anhydride carbonique (CO^2) :

$$C^2H^2O^4 \;=\; CO \;+\; CO^2 \;+\; H^2O$$

Acide oxalique.   Oxyde de carbone.   Gaz carbonique.   Eau.

On fait passer le mélange gazeux d'oxyde de carbone et d'anhydride carbonique dans une dissolution de potasse, qui retient le gaz carbonique, et l'oxyde de carbone se dégage.

149. Propriétés. — **Propriétés physiques.** — L'oxyde de carbone est un gaz incolore, inodore, insipide; sa densité est 0,967. À 0° et à la pression de 76^{cm}, un litre de ce gaz pèse 1^{gr},25.

Propriétés chimiques. — Dans l'air ou dans l'oxygène, l'oxyde de carbone brûle avec une flamme bleue très chaude, en produisant de l'anhydride carbonique (CO^2) :

$$CO \quad + \quad O \quad = \quad CO^2$$

Oxyde de carbone.   Oxygène.   Gaz carbonique.

Action physiologique. — L'oxyde de carbone est un poison violent; respiré, même en petite quantité, il peut occasionner des accidents très graves. C'est pourquoi il est indispensable de prendre toutes les précautions possibles, pour bien assurer le tirage des poêles dans lesquels on brûle du charbon; d'autre part, il a la propriété de traverser la fonte rougie par la chaleur, il faut donc éviter de chauffer les poêles jusqu'au rouge. On doit aussi prendre de grandes précautions en éteignant du charbon avec de l'eau, car il se produit de l'oxyde de carbone en même temps que de l'hydrogène :

$$C \quad + \quad H^2O \quad = \quad CO \quad + \quad H^2$$

Carbone.   Eau.   Oxyde de carbone.   Hydrogène.

150. Usages. — Il se produit de l'oxyde de carbone, quand on projette de l'eau sur des charbons ardents; c'est pourquoi les forgerons activent le foyer de leur forge en y projetant de l'eau.

L'oxyde de carbone étant, à une haute température, très avide d'oxygène, est employé en métallurgie comme réducteur des oxydes métalliques. C'est ainsi que l'on peut réduire l'oxyde de cuivre :

$$CuO \quad + \quad CO \quad = \quad Cu \quad + \quad CO^2$$

Oxyde de cuivre.   Oxyde de carbone.   Cuivre.   Anhydride carbonique.

151. Flamme. — La flamme est un gaz ou une vapeur en combustion. Sa température varie suivant la nature de combustible et l'énergie de la combinaison; son éclat dépend des particules solides qu'elle renferme et qui sont portées à l'incandescence. Ainsi la flamme de l'hydrogène est très chaude et peu éclairante, parce qu'elle ne contient pas de particules solides; tandis que la flamme d'une bougie est moins chaude, mais plus brillante, parce qu'elle renferme des poussières de carbone, comme on peut s'en convaincre en l'écrasant avec une soucoupe.

La coloration de la flamme dépend de la nature des substances portées à l'incandescence; les sels de sodium colorent la flamme en jaune, les sels de cuivre et de baryum en vert, et les sels de strontium en rouge.

Constitution de la flamme. — Si l'on examine attentivement la flamme d'une bougie, on y remarque 3 régions (fig. 56):

1° Un cône central obscur A, presque froid, renfermant des gaz qui ne brûlent pas, faute d'air;

2° Une zone brillante B, formée de gaz en combustion qui portent à l'incandescence les particules de carbone qu'ils renferment; son extrémité est la partie réductrice de la flamme (*feu de réduction*);

3° Une enveloppe extrêmement chaude c, peu éclairante, où les particules solides sont brûlées; la pointe de cette région est la partie la plus chaude de la flamme; elle possède un grand pouvoir d'*oxydation* (*feu d'oxydation*).

Fig. 56. — Constitution de la flamme d'une bougie.

A, zone obscure; B, enveloppe brillante; c, feu d'oxydation; b, feu de réduction.

RÉSUMÉ

Le **carbone** est un solide, gris ou noir, inodore, insipide; il ne se dissout que dans la fonte de fer et dans l'argent en fusion. Il est inaltérable à l'air à la température ordinaire, mais se combine avec l'oxygène pour former l'oxyde de carbone et le gaz carbonique. Les combinaisons de carbone et d'hydrogène sont nombreuses.

Le carbone est un élément constitutif de toutes les substances organiques. Il existe dans l'air à l'état de gaz carbonique et dans le sol à l'état de combinaison : carbonates de calcium, de fer, etc., et à l'état libre formant les **charbons naturels** qui sont :

Le **diamant**, carbone cristallisé, incolore, brillant, très dur, de densité 3,5. Ce charbon est utilisé en joaillerie, il est taillé en rose ou en brillant.

Le graphite, ou *plombagine* ou *mine de plomb*, est en lames feuilletées, douces au toucher, laissant une trace grise sur le papier. Bon conducteur électrique.

L'anthracite, ou *charbon de pierre*, est un combustible qui dégage beaucoup de chaleur en brûlant, mais exige un bon tirage.

La houille, ou *charbon de terre*, est noire, brillante, brûle avec une flamme fuligineuse. On distingue les houilles *grasses*, *demi-grasses* et *maigres*. Ce combustible, très employé, provient de la décomposition lente des végétaux; il sert à fabriquer le gaz d'éclairage, à alimenter le foyer des forges, des machines à vapeur, etc.

Le lignite offre la structure du bois. L'une de ses variétés, le jayet, sert à faire des ornements noirs.

La tourbe est une matière spongieuse, brune, très combustible.

Les charbons artificiels sont: le **coke**, résidu de la distillation de la houille;

Le charbon des cornues, croûte noire et dure qui incruste les parois intérieures des cornues servant à la préparation du gaz d'éclairage;

Le charbon de bois, résidu de la distillation ou de la combustion incomplète du bois;

Le noir animal, résultant de la calcination des os en vase clos;

Le noir de fumée, produit par la combustion des matières grasses ou résineuses.

Parmi ces charbons, le coke et le charbon de bois sont utilisés comme combustibles; le charbon de cornue sert en électricité; le noir animal est employé comme décolorant et comme engrais; le noir de fumée est utilisé en peinture.

L'anhydride carbonique est un gaz incolore, d'une saveur aigrelette, de densité 1,529, soluble dans l'eau et facilement liquéfiable. Il n'est ni comburant ni combustible, et n'entretient pas la respiration. Ce gaz se dégage dans l'attaque du carbonate de calcium par les acides chlorhydrique ou sulfurique.

L'eau de Seltz est une dissolution aqueuse de gaz carbonique. Ce gaz est la cause déterminante de la mousse et de la saveur aigrelette des boissons gazeuses. L'industrie utilise le gaz carbonique pour la fabrication de la céruse.

L'oxyde de carbone est un gaz incolore, inodore, insipide, combustible, très toxique.

Pour le préparer on décompose, par la chaleur et l'acide sulfurique concentré, l'acide oxalique en gaz carbonique, oxyde de carbone et eau. L'acide sulfurique retient l'eau; le gaz carbonique est absorbé par un flacon laveur contenant de la potasse; l'oxyde de carbone se dégage.

La réduction de gaz carbonique ou de l'oxyde de zinc par le charbon est une autre source d'oxyde de carbone.

Ce gaz se produit encore si l'on projette de l'eau sur des charbons ardents. C'est un réducteur utilisé en métallurgie.

CHAPITRE XIV

BORE : B. — SILICIUM : Si

152. Bore. — Le *bore* est un corps solide, verdâtre, infusible, presque aussi dur que le diamant; il jouit de la propriété d'absorber l'azote à la température du rouge, pour former un corps particulier, l'azoture de bore BAz. Le bore se combine aussi au chlore et au fluor; sa densité est 2,63 lorsqu'il est cristallisé. Sa principale combinaison est l'acide borique BO^3H^3.

153. Acide borique. — L'acide borique se rencontre en dissolution dans l'eau des lacs de certains terrains volcaniques communs en Toscane (*lagoni*). On l'obtient en évaporant l'eau de ces lacs. Dans les laboratoires, on le prépare en versant de l'acide chlorhydrique dans la dissolution aqueuse de *borax*. L'acide borique déplacé cristallise par refroidissement. Il présente l'aspect de petites écailles blanches, nacrées. On en imprègne la mèche des bougies, pour faciliter son incinération dans la flamme.

L'acide borique est employé en médecine comme antiseptique.

154. Borax ou biborate de sodium ($B^2O^7Na^2 + 10H^2O$). — Le *borax* se trouve en quantité assez notable dans le résidu de l'évaporation de l'eau de certains lacs du Thibet ou de l'Amérique du Nord.

On l'obtient artificiellement dans l'action du *carbonate de sodium* sur le *borate de calcium* naturel en présence du gaz carbonique et de l'eau chaude. Le borax se dépose en cristaux renfermant 10 molécules d'eau de cristallisation. Le borate de chaux forme des gisements importants en Asie Mineure.

155. Usages. — Le borax dissout les oxydes métalliques; aussi est-il employé pour décaper les métaux que l'on veut souder ensemble, et pour faire des imitations de pierres précieuses, car les oxydes dissous colorent le borax diversement; on s'en sert aussi comme caustique contre les maux de gorge.

156. Silicium. — Le *silicium* est un corps solide brun, fusible au rouge vif. On le connaît à l'état amorphe et à l'état cristallisé. Amorphe, c'est une poudre brune plus dense que l'eau. Cristallisé, c'est un corps de densité 2,49, soluble dans une dissolution bouillante de potasse, décomposant le carbonate de potassium et se combinant au chlore pour donner le chlorure de silicium. Sa principale combinaison est la *silice* SiO^2.

Silice. — La silice est l'une des substances les plus répandues sur le globe. Elle existe en quantité notable dans l'eau des *geysers* d'Islande; on en trouve aussi dans la tige des graminées. On désigne sous le nom de *quartz hyalin*, ou *cristal de roche*, la silice en beaux cristaux limpides. Quelquefois ces cristaux sont colorés par des traces d'oxydes métalliques, et sont employés en joaillerie comme pierres d'ornement. Certaines variétés de silice non cristallisée, comme le *jaspe*, l'*agate*, l'*opale*, sont très recherchées pour les mêmes usages.

Dans les laboratoires on prépare la silice en traitant le *silicate de potasse* ou de *soude* par l'acide chlorhydrique. On obtient un précipité de *silice gélatineuse*.

Pour avoir du *silicate de potasse*, on chauffe au rouge blanc un mélange, en proportion convenable, de sable fin et de carbonate de potasse.

Les *grès* dont on fait les pavés, la pierre *meulière* qui sert pour les constructions et la fabrication des meules de moulin, sont, en grande partie, formés de silice. Le *sable*, formé de silice presque pure, entre dans la composition des poteries, des verres, du cristal.

Un grand nombre de roches : *feldspath*, *mica*, *argile*, contiennent de la silice à l'état de combinaison.

RÉSUMÉ

Le **bore** est un solide verdâtre, infusible, très dur, de densité 2,63. Il absorbe l'azote au rouge et se combine au chlore, au fluor et surtout à l'oxygène, avec lequel il forme l'acide borique.

L'industrie prépare cet acide par l'évaporation de l'eau des lacs de certains terrains volcaniques. Dans les laboratoires, on décompose la dissolution aqueuse de borax par l'acide chlorhydrique.

Le **borax** est obtenu soit par l'évaporation de l'eau de certains lacs du Thibet, soit par double décomposition entre le carbonate de sodium et le borate de calcium naturel.

Le borax dissout les oxydes métalliques, propriété utilisée pour décaper les métaux.

Le **silicium** est un solide brun, fusible au rouge vif. Il forme, avec l'oxygène, la *silice,* une des substances les plus répandues sur la terre sous des noms variés : cristal de roche, améthyste, jaspe, agate, opale, etc.

On obtient artificiellement la silice en traitant un silicate alcalin par l'acide chlorhydrique.

Elle entre dans la composition de la pierre meulière, du grès, du sable, du feldspath, du mica et de l'argile.

PROBLÈMES

----

1. — *Trouver le poids moléculaire de l'acide sulfurique* SO^4H^2. *Poids atomique de* $S = 32$, *de* $O = 16$, *de* $H = 1$.

2. — *Quel est le poids moléculaire du sulfate d'ammonium* $SO^4(AzH^4)^2$? *Poids atomique de* $S = 32$, *de* $O = 16$, *de* $Az = 14$, *de* $H = 1$.

3. — *Trouver le poids moléculaire du chlorate de potassium* ClO^3K. *Poids atomique de* $Cl = 35,5$, *de* $O = 16$, *de* $K = 39$.

4. — *Quelle est la différence entre les poids moléculaires du carbonate neutre de potassium* CO^3K^2 *et du bicarbonate* CO^3KH ? *Poids atomique de* $C = 12$, *de* $O = 16$, *de* $K = 39$, *de* $H = 1$.

5. — *Quel est le rapport des poids moléculaires de l'acide sulfurique* SO^4H^2 *et du sulfate de calcium* SO^4Ca ? *Poids atomique de* $S = 32$, *de* $O = 16$, *de* $H = 1$, *de* $Ca = 40$.

6. — *Combien une molécule de carbonate de calcium,* CO^3Ca, *pèse-t-elle de fois plus qu'une molécule d'hydrogène ? Poids atomique de* $C = 12$, *de* $O = 16$, *de* $Ca = 40$, *de* $H = 1$.

7. — *Quel est le rapport des poids moléculaires du chlorure d'ammonium* AzH^4Cl *et du gaz ammoniac* AzH^3 ? *Poids atomique de* $Az = 14$, *de* $H = 1$, *de* $Cl = 35,5$.

8. — *Quel est le rapport du poids atomique de l'azote* Az, *au poids moléculaire de l'azotate de sodium* AzO^3Na ? *Poids atomique de* $Az = 14$, *de* $O = 16$, *de* $Na = 23$.

9. — *Le poids moléculaire d'un composé* A *égale* 53,5. *La chaleur décompose* A *en* 2 *autres corps* B *et* C, *dont les poids moléculaires sont entre eux dans le rapport* $\frac{3}{4\frac{1}{3}}$. *Quels sont les poids moléculaires de* B *et de* C ?

10. — *La molécule d'un corps* A *renferme* 3 *atomes d'un corps* B, 1 *atome d'un corps* C *et* 1 *atome d'un corps* D. *On demande le poids moléculaire de* A, *sachant que le poids atomique de* $B = 16$, *celui de* $C = 14$, *et celui de* $D = 1$.

11. — *On combine ensemble deux corps dont les poids moléculaires sont 17 et 36,5. Quel sera le poids moléculaire du composé, sachant qu'on prend une molécule de chaque composant ?*

12. — *En décomposant par la chaleur un corps dont le poids moléculaire égale 100, on obtient 2 nouveaux corps. Le poids moléculaire de l'un de ces derniers étant 44, quel sera le poids moléculaire de l'autre ?*

13. — *Dans une équation chimique dont chaque membre comprend 2 termes, les poids moléculaires des termes du premier membre sont entre eux dans le rapport $\frac{49}{33}$; ceux des termes du second membre, dans le rapport de $\frac{81}{1}$. Le poids moléculaire du premier membre étant 98, on demande les poids moléculaires des trois autres termes.*

14. — *Dans une équation chimique dont les deux membres renferment chacun deux termes, on a : 159,5 pour la somme des poids moléculaires des termes du premier membre ; le poids moléculaire du premier terme du second membre égale 101 ; quel sera le poids moléculaire de l'autre terme ?*

15. — *Le poids moléculaire d'un composé binaire égale 111 gr ; l'un des deux éléments est bivalent et a pour poids atomique 40. On demande le poids atomique de l'autre élément qui est monovalent.*

16. — *Dans un composé binaire, les poids atomiques des deux éléments sont entre eux dans le rapport de 2 à 1 ; le nombre d'atomes du premier est à celui du second dans le rapport de 1 à 3. Quel est le poids atomique de chacun des éléments, sachant que le poids moléculaire du composé est 80 ?*

17. — *Les poids atomiques des éléments d'un composé binaire sont entre eux dans le rapport de 7 à 8 ; le nombre d'atomes du premier est égal à la moitié du nombre d'atomes du second. Quel sera le poids moléculaire du composé, sachant que le poids atomique du premier élément est 14 ?*

18. — *Deux gaz se sont combinés dans la proportion de 100cc du premier avec 200cc du second. Quel sera le volume du mélange ?*

19. — *Quel est le nom du composé formé avec 55 gr de manganèse et 32 gr d'oxygène ? Poids atomique de Mn = 55, de O = 16.*

20. — *Quelle sera la formule du corps formé par la combinaison de 28 gr d'azote, 96 gr d'oxygène et 40 gr de calcium ? Poids atomique de Az = 14, de O = 16, de Ca = 40.*

21. — *Dans la préparation de l'acide azotique par la décomposition de l'azotate de potassium, quel est le rapport du poids moléculaire de l'acide sulfurique employé, au poids moléculaire de l'azotate* décomposé? *Poids atomique de* K = 39, *de* O = 16, *de* S = 32, *de* Az = 14, *de* H = 1.

22. — *Quel est le poids d'eau liquide obtenu par la combustion de* 200gr *d'hydrogène? Poids atomique de* H = 1, *de* O = 16.

23. — *On fait passer* 100gr *de vapeur d'eau sur du fer chauffé au rouge. Quel est le poids d'hydrogène recueilli? Poids atomique de* H = 1, *de* O = 16.

24. — *Quel poids de fer faut-il pour décomposer au rouge* 500cc *de vapeur d'eau? Poids du litre de vapeur d'eau* = 0gr,786 ; *poids atomique de* Fe = 56, *de* O = 16, *de* H = 1.

25. — *Quels sont les poids d'oxygène et d'hydrogène recueillis en décomposant complètement par la chaleur* 360gr *de vapeur d'eau ? Poids atomique de* O = 16, *de* H = 1.

26. — *Les éprouvettes d'un voltamètre ont chacune une capacité de* 4 *décilitres. L'une d'elles est à moitié remplie d'hydrogène; quel est le poids de l'eau décomposée? Poids du litre d'hydrogène* = 0gr089 ; *poids atomique de* H = 1, *de* O = 16.

27. — *Quel poids d'oxygène peut-on préparer avec* 5kg *de chlorate de potassium? Poids atomique de* K = 39, *de* O = 16, *de* Cl = 35,5.

28. — *Quel poids d'oxygène peut-on préparer avec* 5kg *de bioxyde de manganèse (*MnO^2*) ? Poids atomique de* Mn = 55, *de* O = 16.

29. — *Quel poids de chlorate de potassium faut-il décomposer pour préparer* 100l *d'oxygène? Poids du litre d'oxygène* = 1gr,43 ; *poids atomique de* O = 16, *de* Cl = 35,5.

30. — *Quel poids de bioxyde de manganèse (*MnO^2*) faut-il décomposer pour préparer* 100l *d'oxygène? Poids du litre d'oygène* = 1gr43; *poids atomique de* Mn = 55, *de* O = 16.

31. — *Quel est le volume d'air qui contient un volume d'oxygène égal à celui que l'on obtiendrait par la décomposition de* 100cc *de vapeur d'eau?*

32. — *Quel est le volume d'air nécessaire à la combustion de* 1kg *de charbon? Poids atomique de* C = 12, *de* O = 16 ; *poids du mètre cube d'air,* 1kg293.

33. — *Quel volume d'hydrogène faut-il introduire dans un eudiomètre contenant* 100cc *d'air, pour que tout l'oxygène de l'air soit transformé en vapeur d'eau, après le passage de l'étincelle électrique?*

34. — *Un homme adulte consomme à peu près* 1l,26 *d'oxygène par minute; quel volume d'air consommeront* 10 *hommes pendant* 2 *heures ?*

4*

35. — *Combien peut-on préparer de litres d'hydrogène avec 490^{gr} d'acide sulfurique* (SO⁴H²)*? Poids du litre d'hydrogène* = 0^{gr},089; *poids atomique de* H = 1, *de* O = 16, *de* S = 32, *de* Zn = 66.

36. *On a dépensé 2 fr. 88 pour préparer l'hydrogène nécessaire à une séance de projections à la lumière oxhydrique.*

Combien de temps durera la séance, si on brûle 600^l *d'hydrogène par heure? Le zinc coûte 0 fr. 25 le kilogr., l'acide sulfurique 0 fr. 20; le poids du litre d'hydrogène* = 0^{gr},089.

37. — *Pour gonfler un aérostat, il a fallu* 1000^{mc} *de gaz d'éclairage au prix de 0 fr. 20 le mètre cube.*

De combien la dépense aurait-elle augmenté si l'on avait substitué l'hydrogène au gaz d'éclairage?

Prix du kilogr. d'acide sulfurique = 0,15; *prix du kilogr. de zinc* = 0,25.

38. — *On introduit* 132^{gr} *de zinc dans* 200^{gr} *d'acide sulfurique* (SO⁴H²). *Restera-t-il, après la réaction, un excès de l'un des deux corps, et quel sera cet excès?*

39. — *Combien de litres de chlore peut-on préparer avec* 274^{gr},05 *de bioxyde de manganèse* (MnO²)*? Poids atomique de* Mn = 55, *de* O = 16, *de* H = 1, *de* Cl = 35,5; *poids du litre de chlore* = 3,15.

40. — *Quelle quantité de bioxyde de manganèse* (MnO²) *faudra-t-il décomposer par l'acide chlorhydrique* (HCl), *pour préparer* 284^{gr} *de chlore? Poids atomique de* Mn = 55, *de* O = 16, *de* H = 1, *de* Cl = 35,5.

41. — *Combien faudra-t-il de flacons de* 500^{cc}, *pour recueillir le chlore obtenu en faisant réagir* 1570^{gr} *d'acide chlorhydrique* (HCl) *sur du bioxyde de manganèse* (MnO²) *en excès? Poids de* 1000^{cc} *de chlore* = 3^{gr},16; *poids atomique de* Mn = 55, *de* O = 16, *de* H = 1, *de* Cl = 35,5.

42. — *Quel poids d'acide sulfurique* (SO⁴H²) *et de sel marin* (NaCl) *faut-il employer pour obtenir* 1^{mc} *d'acide chlorhydrique gazeux? Poids du décimètre cube d'acide chlorhydrique* = 1^{gr},63; *poids atomique de* H = 1, *de* S = 32, *de* O = 16, *de* Na = 23, *de* Cl = 35,5.

43. — *Quel est le volume d'anhydride sulfureux* (SO²) *obtenu par la combustion de* 2^{gr} *de soufre? Poids atomique de* S = 32, *de* O = 16. *Poids du litre d'anhydride sulfureux* = 2^{gr},80.

44. — *Quel poids de sulfure de fer* (FeS) *faut-il traiter par l'acide chlorhydrique* (HCl), *pour obtenir* 1^{gr} *d'acide sulfhydrique* (H²S)*? Poids atomique de* Fe = 56, *de* S = 32, *de* H = 1.

45. — *On veut remplir* 17 *flacons de 2 litres avec du gaz sul-*

fhydrique; quel poids de sulfure de fer (FeS) faudra-t-il attaquer par l'acide chlorhydrique (HCl)? Poids du litre de gaz sulfhydrique $= 1^{gr},5$; poids atomique de Fe $= 56$, de S $= 32$, de H $= 1$.

46. — Quel est le poids de gaz ammoniac que l'on peut préparer avec 500^{gr} de chlorure d'ammonium? Poids atomique de Az $= 14$, de H $= 1$, de Cl $= 35,5$..

47. — Quel est le poids de chlorure d'ammonium nécessaire à la préparation de 50^l de gaz ammoniac? Poids du litre de gaz ammoniac $= 0^{gr},76$; poids atomique de Az $= 14$, de H $= 1$, de Cl $= 35,5$.

48. — Quel poids d'azotate de sodium (AzO^3Na) peut-on décomposer avec 490^{gr} d'acide sulfurique (SO^4H^2)? Poids atomique de Az $= 14$, de O $= 16$, de Na $= 23$, de S $= 32$, de H $= 1$.

49. — On fait réagir 350^{gr} d'azotate de potassium (AzO^3K) sur 98^{gr} d'acide sulfurique (SO^4H^2). Quels sont les corps présents à la fin de la réaction, et quel est le poids de chacun de ces corps? Poids atomique de Az $= 14$, de O $= 16$, de S $= 32$, de K $= 39$, de H $= 1$.

50. — Combien de molécules de potasse KOH faut-il pour remplacer complètement l'hydrogène de l'acide sulfurique (SO^4H^2) par le potassium?

TABLE DES MATIÈRES

31072. — Tours, impr. Mame.